高新纺织材料研究与应用丛书

纺织结构柔性防护材料的
防刺割性能研究

王丽娟　著

中国纺织出版社有限公司

内 容 提 要

本书重点介绍了剪切增稠液/高性能纤维织物柔性复合材料的防刺割性能及其在个体机械防护领域的应用。主要内容包括剪切增稠液的制备及其力学性能研究、高性能纤维纱线的抗切割性能、高性能纤维织物的防刺割性能、剪切增稠液/高性能纤维织物柔性复合材料的制备及防刺割性能、剪切增稠液增强高性能纤维织物防刺割性能及其作用机理。本书内容反映了该领域的研究前沿及发展趋势，可为个体柔性机械防护装备的开发提供理论支持与技术参考。

本书可供材料工程、纺织工程、服装设计与工程等相关领域科研人员、技术人员借鉴，也可供材料、纺织、服装等相关专业的师生阅读。

图书在版编目（CIP）数据

纺织结构柔性防护材料的防刺割性能研究 / 王丽娟著. -- 北京：中国纺织出版社有限公司，2022.11
（高新纺织材料研究与应用丛书）
ISBN 978-7-5180-9882-8

Ⅰ. ①纺… Ⅱ. ①王… Ⅲ. ①纺织纤维－柔性材料－复合材料－功能材料－研究 Ⅳ. ①TS102.6

中国版本图书馆 CIP 数据核字（2022）第 181496 号

责任编辑：沈 靖　　责任校对：楼旭红　　责任印制：王艳丽

中国纺织出版社有限公司出版发行
地址：北京市朝阳区百子湾东里A407号楼　邮政编码：100124
销售电话：010—67004422　传真：010—87155801
http://www.c-textilep.com
中国纺织出版社天猫旗舰店
官方微博 http://weibo.com/2119887771
三河市宏盛印务有限公司印刷　各地新华书店经销
2022年11月第1版第1次印刷
开本：710×1000　1/16　印张：13.5
字数：210千字　定价：88.00元

前　言

　　安全防护是军队或生产生活中常见的问题之一，开发轻便灵活、柔软舒适的个体安全防护装备具有重要的研究意义。近年来，由纳米颗粒制备的剪切增稠液（STF）和高性能纤维织物浸渍复合而制备成的柔性复合材料广泛应用于个体机械防护领域。剪切增稠液是一种类似胶状的高浓度纳米颗粒悬浮液，其流变性能表明，稳定状态下，呈流体状态，一旦受到外界剪切载荷扰动，剪切增稠液受力点周围呈现液—固转化即剪切增稠现象，且这种现象是可逆的、可重复的。与其他柔性防护材料相比，剪切增稠液/高性能纤维织物柔性复合材料具有以下优点：质轻、柔韧性好、体积小，可以形成整体性很好的防护材料，进而对身体的各个部位进行有效的保护。

　　作者一直从事于轻量型纺织复合材料的机械防护性能研究，尤其是在剪切增稠液/纺织结构复合材料的机械防护性能方面进行了较深入的研究，建立了较为完整的剪切增稠液及剪切增稠液/纺织结构复合材料制备方法和测试技术，积累了扎实的试验经验和理论基础。现将相关的研究成果加以梳理总结，撰写此书，希望对从事相关研究的同行们具有一定的借鉴作用。

　　本书主要介绍了剪切增稠液的制备、力学性能及其在个体安全防护装备领域的应用。第1章为绪论部分，主要概述研究背景及意义、柔性机械防护材料的发展、防刺割性能的研究现状及主要研究内容；第2～第5章分别介绍了剪切增稠液的力学性能、高性能纤维纱线的防切割性能、高性能纤维织物的防刺割性能及剪切增稠液/高性能纤维织物复合材料的防刺割性能。

　　感谢安徽省高校自然科学研究项目（KJ2020A0109）、安徽农业大学人才引进项目（rc362003）、安徽省优秀青年人才支持计划项目（K2136005）对本书的资助。全书编写过程中得到了江南大学钱坤教授、俞科静教授、张典堂副研究员等，安徽农业大学杜兆芳教授、王健副教授、何银地、刘娜、张慧娟等，安徽工程大学杨莉、王竹君等，盐城工业职业技术学院周红涛，安徽科学技术出版社王秀才的帮助，另外，安徽农业大学硕士研究生申军、赵祺，本科生符文涛、邵林怡、孙乐也为本书的编写做了许多基础性工作，在此一并表示感谢。

由于作者水平有限，书中难免存在疏漏与不妥之处，恳请广大读者不吝赐教，容后修改。

作者
2022年7月

目　录

第1章　绪论 ···001
　1.1　柔性防护材料防刺割性研究背景及意义 ··························001
　1.2　柔性机械防护材料的发展概述 ·····································003
　　1.2.1　柔性机械防护材料 ··003
　　1.2.2　柔性机械防护用纤维集合体 ·································006
　　1.2.3　柔性防护用基体材料 ···018
　1.3　防刺割性能的研究现状 ···026
　　1.3.1　相关理论基础 ··026
　　1.3.2　防刺割测试标准及方法 ·······································030
　　1.3.3　防刺割性能国内外研究现状及存在问题 ···················041
　1.4　本书主要研究内容 ··045

第2章　STF 的力学性能研究 ··048
　2.1　引言 ···048
　2.2　STF 的制备及流变性能 ··048
　　2.2.1　试验原料及设备 ··049
　　2.2.2　STF 的制备步骤 ···049
　　2.2.3　流变性能测试 ··050
　2.3　STF 挤压和抽拔模式下的力学性能研究 ·······················052
　　2.3.1　STF 挤压和抽拔力学试验 ···································052
　　2.3.2　试验参数对 STF 挤压模式下力学性能的影响 ············055
　　2.3.3　抽拔速度对 STF 抽拔力学性能的影响 ····················060
　2.4　挤压和抽拔力学行为下 STF 的增稠机理 ······················062
　　2.4.1　Jamming 现象 ···063

    2.4.2 Jamming 动态前延模型 ·· 065

  2.5 本章小结 ·· 067

第 3 章 UHMWPE 纱线的抗切割性能研究 ·························· 069

  3.1 引言 ·· 069

  3.2 UHMWPE 纱线抗切割性能的试验研究 ··························· 070

    3.2.1 试验设计 ··· 070

    3.2.2 切割特征曲线分析 ··· 075

    3.2.3 结果与讨论 ·· 077

  3.3 UHMWPE 纱线切割性能的理论分析 ······························ 085

    3.3.1 UHMWPE 纱线切割过程受力分析 ···························· 085

    3.3.2 UHMWPE 纱线切割断裂过程 ··································· 087

    3.3.3 UHMWPE 纱线切割破坏机理分析 ···························· 094

  3.4 本章小结 ·· 097

第 4 章 UHMWPE 纬编针织物的防刺割性能研究 ················ 098

  4.1 引言 ·· 098

  4.2 UHMWPE 纬编针织物的刺割试验 ································ 099

    4.2.1 水平切割试验 ·· 099

    4.2.2 垂直刺割试验 ·· 101

    4.2.3 测试结果与讨论 ·· 103

    4.2.4 总结 ·· 112

  4.3 UHMWPE 纬编针织物的刺割过程 ································ 113

    4.3.1 刺割过程分析 ·· 113

    4.3.2 纬编针织物刺割过程的摩擦力研究 ······························ 118

    4.3.3 纬编针织物刺割过程的织物形变研究 ·························· 132

  4.4 UHMWPE 纬编针织物的防刺割机理 ······························ 142

    4.4.1 断裂力学理论 ·· 142

    4.4.2 纬编针织物刺割断裂理论 ··· 145

    4.4.3 刺割过程能量守恒 ··· 150

  4.5 本章小结 ·· 153

第 5 章　STF/UHMWPE 纬编针织物柔性防护材料的防刺割性能
　　研究 ···155
　5.1　STF/UHMWPE 复合纱线切割性能研究 ···························156
　　　5.1.1　STF/UHMWPE 复合纱线的制备 ···················· 156
　　　5.1.2　切割测试设备与方法 ································· 157
　　　5.1.3　结果与讨论 ·· 157
　5.2　STF/UHMWPE 纬编针织物柔性防护材料的制备 ··············160
　　　5.2.1　试验材料和设备 ····································· 160
　　　5.2.2　制备工艺 ·· 161
　5.3　STF/UHMWPE 纬编针织物柔性防护材料的防刺割性能 ·······163
　　　5.3.1　STF/UHMWPE 纬编针织物柔性防护材料的刺割
　　　　　　测试 ·· 163
　　　5.3.2　测试结果与讨论 ····································· 164
　5.4　STF 增稠现象和 STF 复合织物防刺割性能的协同效应 ·········170
　　　5.4.1　刺割速度相关的协同性分析 ······················· 170
　　　5.4.2　摩擦效应的协同性分析 ···························· 173
　　　5.4.3　刺割断口形貌分析 ·································· 177
　5.5　本章小结 ···179

第 6 章　主要结论与展望 ··182
　6.1　主要结论 ···182
　6.2　展望 ···187

参考文献 ···189

第1章 绪论

1.1 柔性防护材料防刺割性研究背景及意义

在日常生活及工业生产中，人们会受到刀具及尖锐器物的伤害，防护产品不管在军用还是民用方面的需求都在日益增长。国外把这类产品统称为个人防护装备（personal protective equipment，PPE），即为人体添加额外保护而产生的一种很广泛的产品设计项目。

个人防护装备主要分为两大类：生化防护装备和机械防护装备。生化防护装备主要抵御来自外界的毒气、核磁辐射、电流、热、火、噪声等，而机械防护装备是指为防御子弹、爆炸弹片、刀具、锥子、高空物体等对人体产生的伤害而研制的防护装备，常见的有防护头盔、防弹衣、防刺服、防割服及手套等[1]。常见个体机械防护装备如图1.1所示。

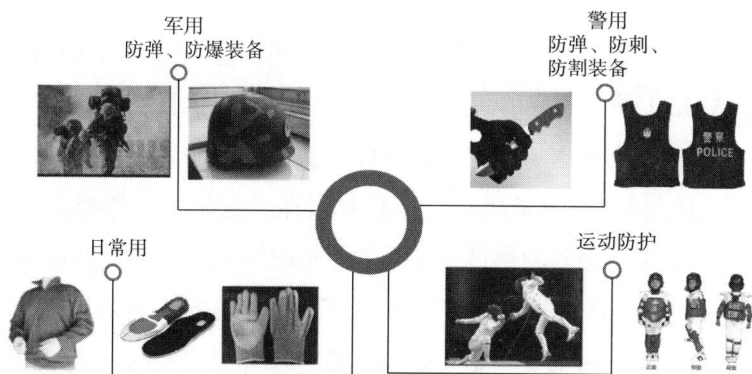

图 1.1 个体机械防护装备

从主体材料的灵活度和柔韧度两方面评判，个体机械防护装备材料可分成硬质体、半硬质体及软质三种类型[2]。硬质体有防护装甲，一般是由金属材料及陶瓷材料制成插板而成，具有很高的防护性能，但是灵活性、柔韧性及舒适性差，限制了穿着者的使用积极性[3]。半硬质防护材料主要有两种类型：一类是金属片、金属圈与高性能纤维材料复合而成；另一类是经过树脂浸渍高性能纤维织物。与硬质防护装甲相比，半硬质防护材料使穿着者在活动灵活性和使用舒适性等方面均有所提高。但半硬质防护材料仍然较笨重，配备人员的行动仍受到约束[4]。软质机械防护材料主要有三种形式：一是高性能纤维织物和韧性聚合物基体的复合；二是涂层结构即将微纳米硬质颗粒涂覆在高性能纤维织物上；三是不同织物结构的叠层设计[5]。

软质机械防护装备的出现可以追溯到冷兵器时代，人类用兽皮类材料设计盔甲来保护自己。第一次世界大战期间，较轻的铝、钛金属合金装甲被士兵们用于人体防护。20世纪30年代初期，美国杜邦公司首次提出纤维装甲的概念，接着杜邦公司研发的尼龙材料被成功生产，并在第二次世界大战时期用于个体防护装甲。20世纪70年代初期，美国杜邦公司开发的芳纶有机高性能纤维的问世是装甲材料由硬质向软质转变的转折点。超高分子量聚乙烯纤维（UHMWPE）是20世纪80年代初由荷兰DSM公司以高密度的聚乙烯为溶质，以十氢萘为溶剂，采用凝胶纺丝法，通过热拉伸工艺制成的。它是目前所有合成纤维中比强度最高的纤维之一[6-8]。高性能纤维的出现，结合生物科技、纳米科技的综合应用，这些都为个体机械防护装备的发展带来了前所未有革命性突破。个体防护装备材料如图1.2所示。

美国司法学会曾在《国家防刺服标准》中指出防刺服的设计理念应为"可穿性+适当防护=挽救生命"。防刺服在达到防护性能要求后，要求避免由于防刺服的穿着频率低下造成紧急情况下人员不能及时穿着而处于危险境地的状况。所以个体防护装备除了满足优良的机械防护性能外，在功能性和舒适性方面也要满足人体—装备—环境三者空间转换，以适应现代化军用和民用防护的需求。

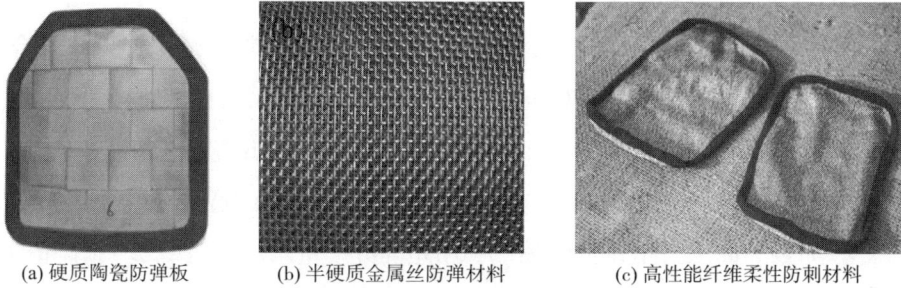

(a) 硬质陶瓷防弹板　　　(b) 半硬质金属丝防弹材料　　　(c) 高性能纤维柔性防刺材料

图 1.2　个体防护装备材料

1.2　柔性机械防护材料的发展概述

1.2.1　柔性机械防护材料

高性能纤维织物增强的柔性复合材料因其广泛的应用领域而成为近年来的研究热点，如用于军用装备、航天航空、交通、运动、土木及个体防护装备等领域。柔性复合材料在加工和使用过程有一定的韧性，可以适应环境的变形要求，使其保持良好的力学性能[9]。柔性机械防护材料属于柔性复合材料的一类，其主要应用于军用或民用个体防护领域，如防弹、防刺、防砍、防割及抗冲击等。

柔性机械防护材料的主要组成包括纤维增强材料和基体，纤维以有机高性能纤维为主，如芳纶、超高分子量聚乙烯（UHMWPE）纤维、聚对亚苯基-苯并二噁唑（PBO）纤维等，也可以通过纤维混合纺纱，如在纺纱时使用有机高性能纤维、无机高性能纤维及天然纤维经包缠技术形成包缠纱，既能提高纱线的力学性能，又能改善纱线的舒适性。常用的基体材料有热塑性树脂、橡胶及剪切增稠材料等[10]。

柔性机械防护材料的主要结构形式有纤维织物的叠层结构、硬质粒子和纤维织物的涂层结构、基体和纤维织物的复合结构等[11]。

1.2.1.1　纤维织物的叠层结构

叠层结构是指两种及以上的织物通过自由叠放或者稀疏纫缝形式组合在一起。织物结构常用的有单向结构（UD布）、机织、针织、非织及编织等，或者是两种及以上组合。Chen等通过数值模拟和试验研究了12层不同织物复合材料的层间抗弹响应，研究发现，叠层织物的迎弹面主要是剪切破坏，而被弹面主要是拉伸破坏，利用超高分子量聚乙烯机织布和UD布的力学性能以1:3的层数比例优化设计出防弹叠层织物[12]。陈晓等也对叠层织物从选材、叠层顺序、层数、加工工艺等方面，利用有限元软件仿真几种复合材料防弹靶板的抗弹道侵彻过程，为军盔、防弹衣等防护装备提高防弹性能提供了帮助[13]。顾伯洪等采用弹道贯穿方法，测试高性能纤维叠层织物（芳纶织物、高强维纶织物、高强聚乙烯织物、高强聚乙烯UD布）对子弹动能的吸收，研究叠层织物弹道极限V_{50}［指针对一定质量的弹头在该速度下（入射方向不变）穿透给定系统靶板的概率为50%］与面密度的关系，并在不同面密度和不同织物类型之间做出比较，对影响叠层织物防弹性能的因素作出探讨[14]。王颖研究了超高分子量聚乙烯平纹布和黏胶非织造布叠层织物的抗穿刺性能，试验表明每层超高分子量聚乙烯织物之间存在一定的摩擦力，增强了织物的抗刺破性能；加入黏胶非织造布以提高织物的穿着舒适性，黏胶非织造布为复合织物在被刺破过程中提供了一定的缓冲作用，在一定程度提高了复合织物的抗刺破性能[15]。

1.2.1.2　硬质粒子和纤维织物的涂层结构

涂层结构即利用粒径在20～200μm的硬质颗粒（如氧化硅、金刚砂、氧化铝、石英砂等）涂覆在织物表面来增强织物的机械防护性能[16]。Labarre等探讨了碳纳米管涂覆Kevlar织物的纱线间摩擦性能。试验表明，碳纳米管处理的Kevlar织物通过织物内纤维间及纱线间摩擦力的提高而抗冲击性能提高[17]。赵玉梅研究了硬质金属粒子涂层织物的防刺性能，通过对不同硬质粒子涂层材料（如氧化铝、碳化硅）和不同的黏合剂（如透明聚烯烃胶、PUA复合乳液、101胶黏剂），结合涂层厚度和胶粒比重等因素，开发了一种防刺性能优良且对穿着舒适性影响最小的涂层复合材料[18]。

1.2.1.3 基体和纤维织物的复合结构

复合结构常见的有以下三种类型。

一是高强度耐冲击的热塑性树脂，它们以浸渍和薄膜热压的形式与织物复合形成柔性防护材料。美国Criminolog公司的一项防穿刺背心专利中提出利用热塑性树脂或环氧树脂浸渍芳纶或高性能玻璃纤维的针织物制成柔性防刺材料，可对刀具、锥子等尖锐器物起到很好的防护作用[19]。杨川采用Surlyn（沙林）树脂与芳纶织物复合，以芳纶平纹布及芳纶织物/Surlyn复合材料为基础材料，结合防刺过程分析，进行防刺靶板结构设计与优化研究[20]。Firouzi 等研究超高分子量聚乙烯织物与尼龙66树脂复合，其防刺性能比纯织物提高77% 以上[21]。

二是橡胶类低模量高韧性弹性体，它们涂覆于织物表面形成柔性防护材料，如橡胶防割手套（图1.3）。美国HDM公司开发的超级耐磨防割面料SuperFabric®是由高性能织物、微型六角硬质片和橡胶组成的，鉴于商业机密，具体成分不是很明确，如图1.4所示。

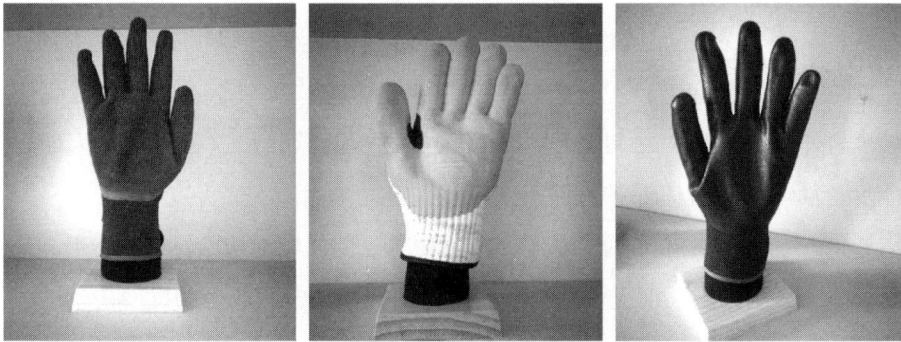

图 1.3 橡胶防割手套

三是近几年研究比较热门的剪切增稠材料与纤维织物的复合结构。剪切增稠材料在受到剪切外力作用时，表观黏度、模量等流变学参数表现出急剧非线性增加的变化，即出现所谓的剪切增稠行为（shear thickening behavior），且此行为是可逆的，因此是一种形状记忆材料。随着合成工艺及生物材料的发展，剪切增稠材料的种类也越来越多，分为剪切增稠

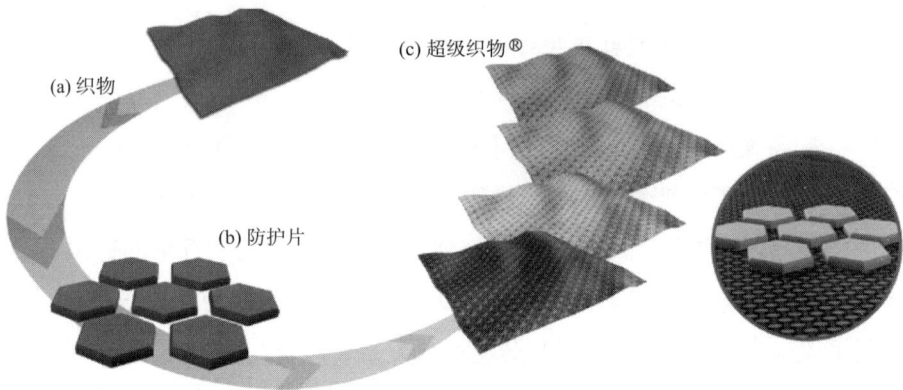

图 1.4 超级织物®

液、剪切增稠胶及剪切增稠材料增强聚氨酯泡沫。

（1）剪切增稠液（shear thickening fluid，STF）是一种力学行为高度非线性的悬浮液，在外界扰动下，它甚至可以发生液—固转换，如在适当的剪切作用下，STF的黏度会随着剪切速率的增加而迅速上升。通常情况下，这种黏度的上升可达到几个数量级且过程是可逆的。

（2）剪切增稠胶（shear thickening gel，STG）是一种硼硅氧烷聚合物材料，在常态下保持松弛柔软状态而具有弹性，一旦受到外力冲击，材料的分子间能在纳秒（$1ns=10^{-9}s$）内相互锁定，从液态迅速变硬成为固态，当外力消失后，材料会恢复到其最初的松弛软状，这种可逆行为使材料在能量吸收和身体保护方面具有广泛的潜在应用。

（3）剪切增稠材料增强聚氨酯泡沫属于"膨胀性泡沫"材料的类别，是由一种"智能分子"组成（黏胶液和一种聚合物化合而成）的抗冲击单一材料，可在不同的重力冲击下呈现出两种机械似的状态，即坚硬与柔软[22-24]。

目前研究较多且较成熟的是剪切增稠液（STF），中国科学技术大学龚兴龙课题组、南京理工大学熊党生课题组及江南大学俞科静课题组等都对其进行了深入和扩展研究。

1.2.2 柔性机械防护用纤维集合体

纤维借助纤维间摩擦形成的结构稳定的纱线和织物统称为纤维集合

体，具体形式有纱线/纤维束、缆绳、网、机织布、针织布、编织布、非织造布等。随着新型纤维及纺织机械装备的发展，新型纺织结构也在不断地涌现，纤维集合体也逐步从服用拓展到各类产业用领域[25]。

1.2.2.1 纤维原料

柔性机械防护用纤维原料主要指高性能纤维，即具有高强度、高模量、高吸能、耐冲击等特性的纤维，分为有机高性能纤维和无机高性能纤维。目前，国内外柔性防护材料常用的有机高性能纤维包括芳纶、超高分子量聚乙烯（UHMWPE）纤维、聚对亚苯基–苯并双噁唑（PBO）纤维等；无机高性能纤维包括玻璃纤维、陶瓷纤维、碳纤维及玄武岩纤维等。

（1）芳纶。芳纶是芳香族聚酰胺纤维在我国的商品名，防护材料所用的芳纶是对位芳香族聚酰胺纤维（PPTA），化学式如图1.5所示。芳纶具有高强度、高模量，其比强度是钢的5~6倍。另外，芳纶

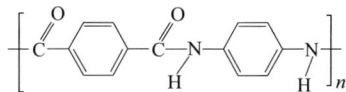

图 1.5 对位芳香族聚酰胺纤维的化学式

的韧性较好，是钢的2倍。芳纶尺寸稳定性在有机高性能纤维中最佳，经纺织加工后的强度保持率较高。芳纶耐高温，但是不耐紫外线及水。美国杜邦（DuPont）公司在1971年首次研制出该纤维，商品名为Kevlar。杜邦公司对Kevlar进行几代的产品更新，目前拥有的产品有Kevlar 29、Kevlar 129、Kevlar 49及Kevlar KM2等。后继出现的芳纶商品有荷兰阿克苏诺贝尔（Akzo Nobel）公司生产的Twaron，日本帝人株式会社（Teijin）生产的Technora，俄罗斯生产的Terlon以及我国生产的芳纶1414等[26]。

对位芳纶在防护领域的应用最为广泛，可用于防弹、防刺、防割、抗冲击、减震等。除了具有良好的防护性能，芳纶的应用还大幅减轻了重量，是设计和开发轻量型防护产品的常用原料。目前，用于机械防护材料的对位芳纶主要有两方面的研究。一是对芳纶的化学改性研究，即在纺丝阶段加入增强剂来改善纤维的力学性能和对原有纤维进行表面改性[27]。Hipp通过湿法纺丝在试验室研制出芳纶共聚物纤维，通过切割试验探讨了纤维结构、形态及物理性能与纤维抗切割性能的关系[28]。Nie采用环氧

氯丙烷作为处理剂通过接枝反应对芳纶进行表面改性。改性后的芳纶拉伸力学性能没有降低，但是界面黏结力和表面摩擦性能明显提高[29]。二是芳纶与其他纤维的混纺，此种方法有利于降低原材料成本及提高防护服装的服用性能。美国专利NO. 4918912阐述了一种抗切割和耐磨纱线，此纱线是由40%～60%的芳纶、20%～40%的尼龙和10%～30%的腈纶组成的混纺纱[30]。

（2）超高分子量聚乙烯纤维。超高分子量聚乙烯（ultra high molecular weight polyethylene，UHMWPE）由乙烯基单体自由基聚合而成的聚合物，化学式如图1.6所示。1979年荷兰皇家帝斯曼集团（DSM）在实验室采用十氢萘作溶剂利用凝胶纺丝法首次成功研制出超高分子量聚乙烯纤维，并申请了专利，直到1990年此纤维才成为商品进行工业化生产。目前，UHMWPE纤维的常见商品有荷兰DSM

$$\left[\begin{array}{cc} H & H \\ | & | \\ C - C \\ | & | \\ H & H \end{array}\right]_n$$

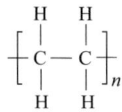

图1.6 超高分子量聚乙烯纤维的化学式

的Dyneema®SK系列、美国霍尼韦尔（Honeywell）公司的Spectra®系列。除了上述两种商品，还有意大利SniaFiber（SNIA）公司的Tenfor系列以及日本三井公司的Tekmilion等。我国对高性能纤维的研制及生产也非常重视，投入大量的人力物力。早在20世纪80年代，中国纺织科学研究院就对UHMWPE纤维的研发展开工作，后来中国纺织大学（现东华大学）也加入对此纤维的研制。直到2000年，我国终于实现了UHMWPE纤维的商业化生产，成为继荷兰、美国、日本之后的第四个拥有生产UHMWPE纤维自主知识产权的国家。国内主要的厂家有北京同益中新材料科技股份有限公司、湖南中泰特种装备有限责任公司、宁波大成新材料股份有限公司及中国石化仪征化纤股份有限公司等。尽管我国的UHMWPE纤维已经商品化，但是仍存在很多的技术问题，如纤维的质量不高、产品不稳定，极大地影响了下游产品的品质；国内研发及生产企业的品牌意识及知识产权意识不强，导致我国的产品在市场上显得品牌混杂而影响力不足[31-32]。国内外对UHMWPE纤维的研发及生产都极其重视。这是因为UHMWPE纤维的发展，对国防建设和军事装备有着不同寻常的战略意义。

UHMWPE纤维的相对分子质量极高，一般在$1 \times 10^6 \sim 6 \times 10^6$。由于纺丝过程的高倍牵伸，纤维具有高取向、高结晶等特点，因而具有优良的力学性能。UHMWPE纤维是所有高性能纤维中最轻的，密度仅为$0.97g/cm^3$，因此，纤维比强度是迄今已商品化的所有纤维中最高的。UHMWPE纤维具有良好的化学性能，耐强酸、强碱，与对位芳纶相比，抗紫外线性能优良。但是UHMWPE纤维熔点低，只有150℃左右，玻璃化转变温度也较低，在高温下，纤维性能受到很大影响[33]。近年来，关于UHMWPE纤维柔性防护材料的研究主要集中在两方面：一是UHMWPE纤维纺织集合体的设计，包括纱线结构的设计和织物结构的设计；二是UHMWPE纤维纺织材料增强韧性聚合物的复合材料[34]。目前国内防刺服的生产原料基本以UHMWPE纤维为主。

（3）聚对亚苯基–苯并双噁唑纤维。聚对亚苯基–苯并双噁唑纤维（poly-p-phenylene Benzobisoxazole，PBO），被誉为"21世纪超级纤维"，最初是由美国空军空气动力学研究人员研发的。其投放在市场上的商品名为Zylon，其化学分子式如图1.7所示

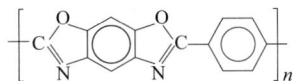

图1.7 聚对亚苯基 – 苯并双噁唑纤维的化学式

PBO纤维是目前有机纤维中力学性能最好的纤维，其高端PBO纤维产品的强度高达5.8GPa，模量高达280GPa。另外，PBO纤维还具有良好的阻燃性能，耐高温达到600℃，极限氧指数为68，在火焰中不燃烧、不收缩。因此，PBO纤维主要用途集中在阻燃材料和力学增强材料，如用于消防服，高温加工业中的缓冲垫料，橡胶制品的复合增强材料，防弹、抗冲击等机械防护增强材料等[35-36]。

（4）无机高性能纤维。目前，柔性机械防护材料应用最多的纤维是有机高性能纤维。除此之外，无机高性能纤维如玻璃纤维、陶瓷纤维、金属纤维等也开始应用于防护材料中。无机纤维的刚性较大，不易弯曲或弯曲易折断，给纺织加工特别是针织上机带来一定的难度。无机纤维纺织材料服用性能很差，很难单独用于个体防护装备。可将无机高性能纤维与其他纤维制成包芯纱或混纺纱，开发新型功能纺织品[37]。

近几年，提倡防护服装的服用性，如舒适性、柔韧性和透气性等，因此天然纤维如棉、羊毛、麻和蚕丝等也有应用。一般以有机高性能纤维、无机高性能纤维、天然纤维为原料混杂形成复合包芯纱或混纺纱进行高密织造，既提高了织物的防护性能，又改进了织物的服用性能[38-40]。柔性机械防护材料常用高性能纤维的基本性能见表1.1[41]。

表 1.1　柔性机械防护材料常用高性能纤维的基本性能[41]

纤维类型		密度 / (g/cm³)	拉伸模量 /GPa	拉伸强度 / MPa	拉伸伸长率 /%	熔点 / ℃
对位芳纶	Kevlar 29，杜邦	1.44	70	3300	4.2	550
	Kevlar 129，杜邦	1.45	99	3400	3.3	
	Kevlar 49，杜邦	1.45	135	3300	2.8	
	Kevlar KM2，杜邦	1.44	70	3300	4.0	
	Technora，帝人	1.39	70	3000	4.4	
	Twaron，帝人	1.45	121	3100	2.0	
UHMWPE	Spectra 900，霍尼韦尔	0.97	73	2400	2.8	150
	Spectra 1000，霍尼韦尔	0.97	103	2830	2.8	
	Spectra 2000，霍尼韦尔	0.97	124	3340	3.0	
	Dyneema，东洋纺 /DSM	0.97	87	2600	3.5	
芳香族聚酯	Vectran	1.47	91	3200	3.3	150
	PBO，Zaylon，东洋纺	1.56	270	5800	2.5	650
	Polypyridobisimidazole （ PIPD，M5，Magellan / 杜邦 ）	1.70	271	3960	1.4	—
玻璃纤维	E- 玻璃纤维	2.55	72	2600	3.0	840
	S- 玻璃纤维	2.48	90	4400	5.7	840
碳纤维	Celion	1.80	230	4000	1.8	1200>
	Aksaca	1.78	240	4200	1.8	—
陶瓷纤维	Al₂O₃（ Nextel，3M ）	2.50	152	1720	2.0	1200>
	SiC（日本 Nippon；美国 Specialty Materials ）	2.80	420	4000	0.6	1300>

1.2.2.2 纱线

纺织加工中所提到的纱线，是指"纱"和"线"的统称。"纱"是将许多短纤维或长丝排列成近似平行状态，并沿轴向旋转加捻，组成具有一定强力和线密度的细长物体；而"线"是由两根或两根以上的单纱捻合而成的股线，特别粗的称为绳或缆。纱线的结构设计直接影响到织物的性能[42]。

柔性机械防护材料常用的纱线结构包括长丝纱、短纤纱及包缠纱。长丝纱包括无捻纱和加捻纱。徐海燕研究了捻度对UHMWPE纱线可编织性的影响，结果表明，加捻可提高其集束性，降低弯曲刚度，但是对单纤维的损伤有所增加，因此选择适当的捻度可以使UHMWPE纱线的可编织性达到最佳[43]。有机高性能纤维多以无捻或弱捻长丝纱的形式进行后续的纺织加工。高性能纤维短纤纱因其良好的手感及舒适性也成为近年来研究的焦点。井连英比较了1.97dtex/51mm和1.33dtex/38mmUHMWPE短纤维断裂拉伸性能及卷曲性能[44]。顾静研究了线密度为1.21dtex、长度为51mm的UHMWPE短纤维的基本特性，利用这些短纤维制备出9种UHMWPE短纤纱，并测试分析了UHMWPE短纤纱的拉伸断裂及抗切割性能[45]。蔡永东等公开了一种UHMWPE短纤纱防刺防切割面料的制备方法的发明专利。所述防刺防切割面料采用UHMWPE短纤维作为原料，采用机织生产方法制备而成。经、纬纱采用UHMWPE短纤维纯纺成纱线，经分条整经制成织轴，再在片梭织机上生产出UHMWPE短纤纱防刺防切割面料，经下机织物整理得到成品[46]。

纱线成型的混纺技术是近年来柔性机械防护纺织材料的研究热点，最早应用于防弹领域。混纺技术主要考虑因素包括混纺方法、原材料选择、混纺比例[47]。从纺丝到织造，混纺方法常见的有五种形式：同轴纺丝、包覆纺纱、短纤混纺纱、合股并捻纺纱、合股无捻纺纱，如图1.8所示。同轴纺丝是指纺丝喷嘴设计成圆环状，里外放置不同材料的纺丝液，形成皮芯结构的纤维。为了保持织物优良的力学性能，又能改善其服用性能，可采用高性能纤维与天然纤维进行混纺的方法，混纺比例是一个很重要的参数。高性能纤维比例越高，织物服用性能越差；高性能纤维含量越低，织物的防护性能越差。研究和应用最多的是混纺包覆纱，魏达研究了防刺用皮芯结构的复合长丝纱线，分别以芳纶1414长丝、不锈钢丝以及两种长丝的混合丝作芯纱，棉纱作鞘纱，并织造成织物[48]。美国专利NO.6952915公开一种抗切割纱线，此纱线是由至少两股纱线并捻而成，一种纱线是无机高性能纤维（如玻璃纤维、碳纤维等）作芯纱，有机高性能纤维短纤纱作鞘纱的皮芯结构；另一种纱线可采用弹性长丝[49]。Mahbub在设计针织防刺织物时，芳纶纱线和羊毛纱线通过一个导纱嘴进纱形成无捻合股纱线[50]。Ertekin等研究了混纺机织物的抗切割性能，调查了芯纱原料及混纺比例对织物抗切割性能的影响[51]。

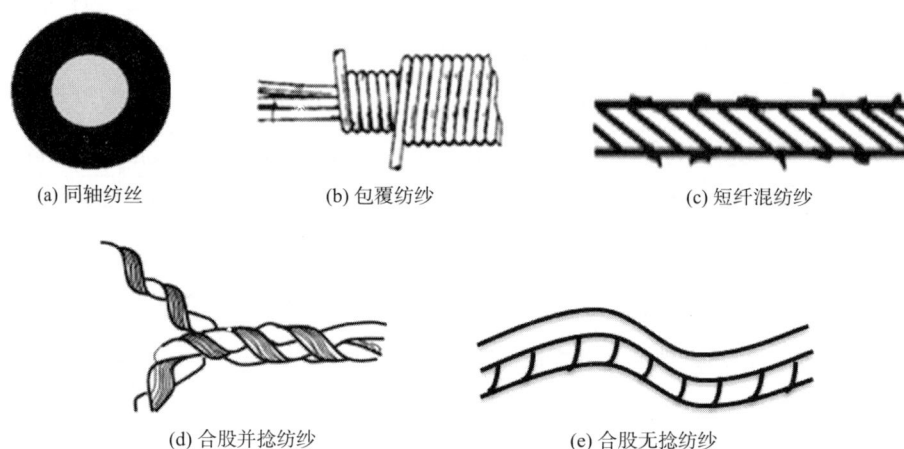

(a) 同轴纺丝　　　　　(b) 包覆纺纱　　　　　(c) 短纤混纺纱

(d) 合股并捻纺纱　　　　　(e) 合股无捻纺纱

图 1.8　纱线成型的混纺方法

　　柔性机械防护材料用纱线的种类繁多，有些研究者试图用超弹材料与纤维复合成防刺防割纱线。随着新材料及新型加工工艺的发展，未来柔性机械防护材料性能会更优良，在舒适性及轻便性上得到质的改变。

1.2.2.3　纺织结构

　　柔性机械防护复合材料增强体一般采用单层或叠层的高性能纤维纺织结构。随着纺织加工技术和设备的高速发展，纺织结构种类也越来越多，从织造上可分为无纬、机织、针织、非织造、编织等；从维度上可分为一维、二维及三维织物结构。单向无纬一般被看作一维纺织结构，机织、针织及非织造的常见组织被看作二维纺织结构，二维结构的叠层织物、三维机织、三维编织及针织间隔织物被称为三维结构[52]，如图1.9所示。

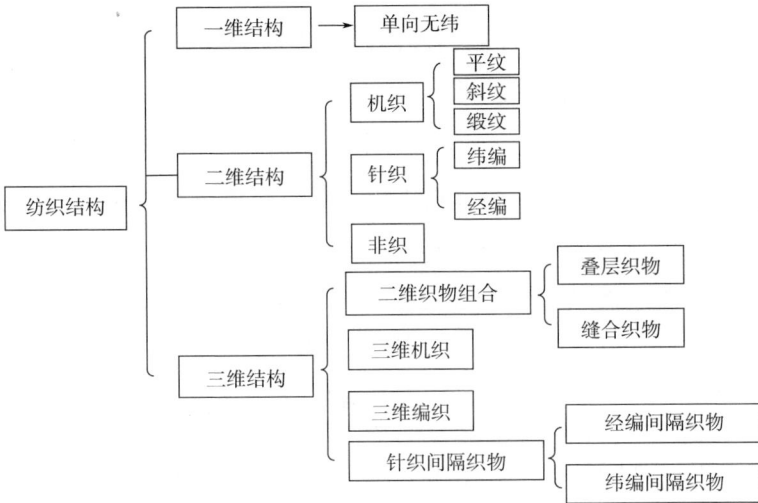

图 1.9　纺织结构分类

（1）一维单向无纬结构（1D）。单向无纬布是一种柔性复合材料薄片，市场上单向无纬布一般采用UHMWPE纤维或芳纶单向平行排列，并用热塑性树脂黏结，再经0°/45°/90°正交复合层压而成，如图1.10所示。单向无纬结构特点：一是无交织点；二是纤维长丝正交排列的层状结构。此材料由美国联合信号公司于1988年首次开发，并取得专利。单向无纬结构常用于防弹领域，此结构无交织点，不存在纤维屈曲现象，冲击应力波沿着顺直纤维快速地传递，不会产生反射波与原来的入射波同向叠加现象，从而使纤维受力增强。另外，单向无纬结构的纤维未经织造过程而使纤维产生弯曲、拉伸等损坏，因此纤维的力学性能保持率高[53]。经过多年的发展，目前国内无纬布材料生产企业已有几十家，尤其近几年，防弹材料市场需求增大，无纬布材料生产企业呈大规模扩张趋

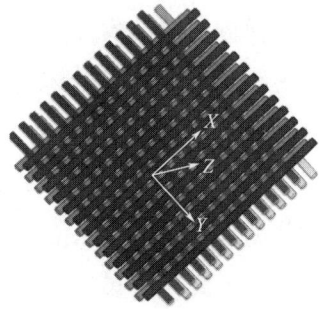

图 1.10　单向无纬结构[53]

势，但生产规模不一、产品质量参差不齐。国际上无纬布生产企业主要有两大公司，即美国霍尼韦尔公司和荷兰DSM公司，其产品非常细化，性能稳定。不同系列产品用于不同的防护级别，防御不同的枪弹威胁。荷兰DSM公司主要产品有软体防弹衣用UD-SB21（单片面密度145g/m^2）、UD-SB31（单片面密度132g/m^2）和硬质防弹衣用D75-HB2（单片面密度为258g/m^2）、UD-HB25（单片面密度为130g/m^2）。美国霍尼韦尔公司的Shield技术系列产品有适用于软体防弹衣的Spectra Shield LCR、Spectra Shield Plus LCR、Spectra Flex、Spectra Shield Plus Flex和Gold Flex五种产品。国内外单向无纬布产品对比见表1.2[54]。

表 1.2 国内外单向无纬布产品对比[54]

产品	原材料	面密度 /（g/m^2）	产品结构	防弹性能
国产 A	UHMWPE	170	0°/90°两层正交，上下各有一层热塑性保护膜	防54式铅芯弹44层，防 NIJ3A 级30层
国产 B	芳纶	220	0°/90°两层正交，只有一层热塑性保护膜	防54式铅芯弹28层，防 NIJ3A 级24层
荷兰 DSM 公司（UD-SB31）	UHMWPE	132	0°/90°两层正交，上下各有一层热塑性保护膜	防 9mm 全金属被甲弹和 Magnum 手枪弹
美国霍尼韦尔（Gold Flex）	芳纶	232	0°/90°四层正交，外层上下各有一层热塑性保护膜	防54式铅芯弹28层

注 防弹性能测试依据 GA l41—2010《警用防弹衣》（NIJ0101. 04 *Ballistic Resistance of Personal Body Armor*）标准。

单向无纬结构材料主要从材料改性、结构设计、生产工艺、防护性能等方面展开研究。刘术佳通过贝壳粉、碳纳米管等微颗粒改性UHMWPE纤维及基体黏胶剂，用两种改性后的UHMWPE纤维和基体黏胶剂制备出单向无纬布，并研究不同微颗粒及微颗粒含量对单向无纬复合材料的防弹性能的影响[55]。Sasikumar等建立了单向无纬玻璃纤维硬质层合板的抗冲击模型，此模型基于能量传递原理，单向无纬层合板能量吸收机制包括锥形背凸、临近纱线破坏、冲击点纱线拉伸断裂、分层、基体碎裂、穿透过程中弹体和复合板的摩擦[56]。方心灵等系统地研究了基体黏胶剂、叠层角度、无纬布的生产工艺（丝束退绕张力、层压复合温度、压力及运行速度等）等因素对芳纶无纬布防弹防刺性能的影响[57]。Grujicic和Chocron等利用有限元软件数值模拟UHMWPE单向无纬布防弹性能及在高压缩应力下的剪切、压缩性能[58-59]。

（2）二维机织结构（2D）。二维机织物是用于防护领域最常见的织物结构，它由两组正交纱线（经纱和纬纱）按照一定规律纵横相互交织而成。二维机织结构的基础类型有平纹、斜纹、缎纹。平纹织物中经纱和纬纱依次相互交织，所以平纹织物对称、紧密，且织物内纱线有较高的屈曲度。而斜纹和缎纹织物中经纱和纬纱按规律每隔一定根数纱线才会交织，所以纱线屈曲度较低，织物表面较光滑、稀疏柔软。另外，在二维机织结构中还有一些变化组织结构，如纱罗组织、方平组织等。

随着纺织加工机械装备的改进，一些特种二维机织结构也逐渐进入工业工程应用中，如二轴向斜交机织结构和三轴向机织结构等[41]。早期的Cunniff和Tabiei分别阐述了机织结构和机织复合材料在防弹抗冲击领域的研究成果，通过机织物及其复合材料的弹道冲击试验、防弹抗冲击建模（经验分析法、数值模拟、计算机软件模拟、微观力学分析、多尺度分析、变分方法、实验验证等），分析纱线力学性能、织物结构、弹体及边界效应对子弹侵彻的影响等[60-61]。Hejazi 等利用能量转换原理提出了机织结构抗垂直穿刺的理论模型[62]。Nilakantan和Gillespie研究了Kevlar平纹织物的纱线抽拔力学性能，分析纱线粗细、抽拔率及织物预张力对织物抽拔力的影响。织物的抽拔行为研究可以进一步验证和解释织物的弹道冲击响应[63]。天津工业大学王东宁以UHMWPE平纹织物为研究对象，建立织物的三维细观几何模型，利用LS-DYNA软件模拟单层UHMWPE平纹织物中纱线间摩擦及力学性能对弹道冲击的影响，并进行了64式手枪弹冲击12层UHMWPE织物的有限元模拟及实验验证[64]。北京理工大学的陈威利用氧化石墨烯微片的空间位阻效应制备了graphene/SiO_2-PEG多分散剪切增稠体系（RLCP），并与芳纶平纹机织物进行复合。考虑到RLCP流体耐湿性差的缺陷，开发了尼龙涂覆芳纶织物的工艺，制备出 Nylon 6，6-Kevlar以及 Nylon 6，12-Kevlar复合材料，并对两类复合材料在NIJ（美国国家司法研究院）三种标准刀具下的准静态和动态穿刺性能进行了系统的评价[65]。

（3）二维针织结构。针织结构是由纱线弯曲成圈并相互串套形成的，一般分为纬编针织结构和经编针织结构。纬编针织结构是由一根或多根纱线沿织物纬向顺序弯曲成圈，并由线圈依次相互串套而成，常用的纬编针织结构有纬平针组织、罗纹组织、双罗纹组织、罗纹空气层组织、集圈组织等。经编针织结构是由一组和多组平行的纱线同时沿织物经向顺序成圈并相互串套而成，常用的经编针织结构包括编经平组织、经缎组织和重经组织。针织物结构的最大特点是纱线形成大角度的弯曲及线圈的相互串套。在服用方面，针织物手感柔软，弹性好，轻便性好，便于人体肢体活动。在产业用方面，针织结构具有良好的成型性使其可以加工成各种形状的预制件，线圈可以在受力情况下自由扩张，织物结构具有良好的缓弹性、能量吸收及抗冲击疲劳[25]。

二维针织结构常用于工程复合材料预制体、防护复合材料增强体及柔性防护材料，Pamuk等及Pandita等阐述了纬编针织复合材料的制备及抗冲击性能[66-67]。杨雪探讨了UHMWPE纬编针织复合材料的低速冲击性能[68]。竺铝涛用试验和有限元相结合的方法考察了双轴向经编复合材料在高速冲击下的弹道侵彻破坏力学性能和能量吸收特征，并探讨了复合材料靶板的破坏模式和防弹机理[69]。Alpyildiz 等人开发了一种带有集圈及内嵌纱线的双面纬编针织结构，其防刺防割性能明显提高[70]。寿钱英系统地阐述了纬编针织物抗撕裂、顶破及穿刺性能[71]。从国内外研究现状可知，虽然对纬编针织结构复合材料在力学性能及应用上进行了大量的研究，但是与机织结构相比，对针织物结构本身特点与力学性能相关性的研究较少。

（4）二维非织结构。国家标准GB/T 5709—1997《纺织品　非织造布　术语》对非织造布的定义即定向或随机排列的纺织短纤维或者长丝，通过摩擦、抱合、黏合，或者这些方法的组合而相互结合制成的片状物、纤网或絮垫，然后采用机械、热黏或化学等方法加固而成的织物。非织造不像机织和针织一样是由一根一根的纱线交织、编结在一起的，它不需要纺纱、织布，而是将纤维直接通过物理的方法黏合在一起。非织造布具有良好的透气性、轻便灵活性，常与其他织物结合制成柔性防护材料。北京君安泰防护科技有限公司采用UHMWPE非织与机织结构复合片制成的柔性防刺服，防护面积大，质量轻，穿着舒服。甄琪研究了UHMWPE长丝作为芯层材料，PET-PA6中空—橘瓣型双组分材料作为外层制成包芯纱，采用水刺和针刺两种技术对包芯结构非织造复合材料进行加固。与传统UHMWPE短纤维非织造材料相比，其防刺性能及服用舒适性都有很大的提高[72]。Chocron等模拟了聚乙烯非织造材料的抗冲击过程[73]。天津工业大学李婷婷研究了非织造加工过程中的针刺及热黏工艺对复合织物防刺性能的影响[74]。

（5）三维织物结构（3D）。柔性防护材料常见三维织物结构包括叠层织物、缝合织物、三维机织物、三维编织物、三维间隔针织物等，如图1.11所示。叠层织物结构顾名思义就是不同织物结构按照一定的顺序叠放，形成层状结构。软质叠层材料通常就是二维平面织物简单叠放，不需要外部或内部加固。叠层材料强调选材、叠层顺序、叠层角度、叠层厚度。考虑到叠层织物受到冲击力时，织物间会产生相互滑移，对叠层织物在Z方向上用缝线通过手工或机械按照一定的缝纫路线进行加固即缝合织物。缝合织物在叠层织物的基础上主要考虑缝合方向和缝线的选择。三维机织物主要包括单轴向和多轴向三维机织物，织物有三个系统的纱线，经纱、纬纱及Z方向纱线。三维编织物是一种多层结构织物，纱线按照编织路线图相互缠绕。三维编织较机织灵活，可以生产异形件。三维间隔针织物是近几年防护领域的研究热点，有经编间隔织物和纬编间隔织物。两个分别位于上下层的纬编或经编针织物被纱线连接，连接纱线的长短决定织物的厚度[52]。

三维织物结构在防护领域的应用较多。史春旭建立分析模型去研究层之间无连接的叠层织物受到平头圆柱形弹头冲击时的整体效应。研究

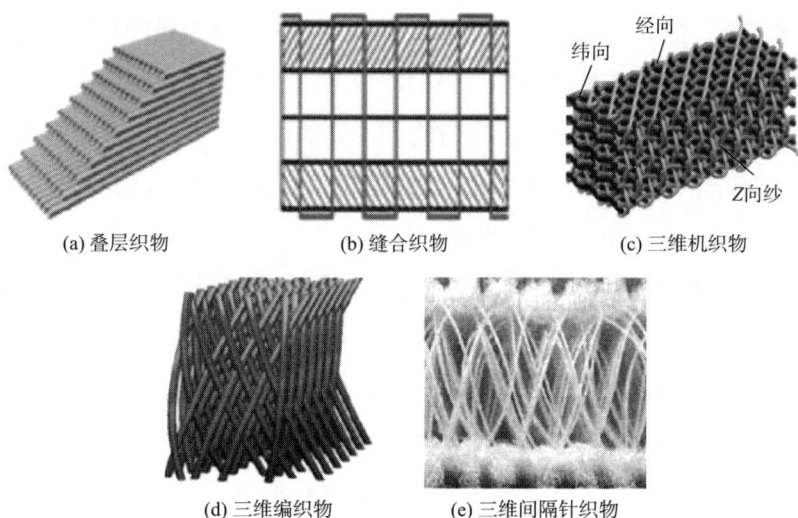

(a) 叠层织物　　　　(b) 缝合织物　　　　(c) 三维机织物

(d) 三维编织物　　　　(e) 三维间隔针织物

图 1.11　三维织物结构

发现，随着叠层织物层层间隙的增加，V_{50}减小；不同力学性能织物的叠层，V_{50}和剩余速度取决于不同织物的叠层顺序；在一个给定具有相同的层平面抗拉强度的系统中，V_{50}随着层应变失效的增加而增加[75]。顾伯洪团队对三维编织物及三维交联机织物的防弹性能进行试验研究并利用有限元模拟验证[76]。孔祥勇和陆振乾分别对经编间隔织物及其柔性复合材料的防刺和冲击压缩性能进行研究，表明经编间隔织物具有良好的防刺、抗压、缓冲效果[77-78]。

1.2.3　柔性防护用基体材料

纤维织物增强韧性聚合物复合材料常见的基体材料有剪切增稠液（STF）、聚乙烯（PE）、聚乙烯离子基聚合物（Surlyn®）、橡胶等。这些基体材料具有良好的韧性，能够满足防护材料的柔软及灵活性要求。它们一般以液体浸渍、薄膜热压及涂覆的形式与纺织织物复合形成复合材料[79-81]。目前研究热点主要集中在剪切增稠液。

1.2.3.1　*剪切增稠液（STF）*

STF是由美国陆军研究试验室的Eric Wetzel博士和特拉华州立大学合

成物质研究中心的 Norman Wagner 教授在 20 世纪中期共同联合研制出的。STF 是一种高浓度的颗粒悬浮液。稳定状态下，呈流体状态，一旦受到外界载荷扰动，STF 受力点周围呈现液—固转化现象，且这种现象是可逆的。因为它能够随着外界环境的变化做出响应，所以称为新型智能材料，近年来受到越来越多科研人员的关注。STF 的流变性能测试可以直观地表征剪切增稠现象，STF 的黏度会随着临界剪切速率的增加而迅速上升，这种黏度的上升可达到几个数量级。剪切增稠液体由分散相和分散介质两部分构成。分散相是微纳米级别的颗粒，分为天然存在的矿物质和化学合成的聚合物，如二氧化硅、碳酸钙、聚苯乙烯、聚甲基丙烯酸甲酯（PMMA）等。分散介质可以是水、有机物（如乙醇、乙烯基乙醇或聚乙二醇等）、盐溶液（如缓冲液或氯化钠溶液等）等单一介质，也可以多种介质共混形成复配体。目前，STF 的研究主要集中在剪切增稠机理、流变性能、力学性能及工程应用等方面[82-84]。

（1）剪切增稠机理。借助于 STF 的流变性能测试，许多学者提出了一些 STF 的剪切增稠机理，试图解释在剪切增稠区域所观察到的现象。1972 年，Hoffman 首次提出有序到无序转变机理（order-disorder transition，ODT）。1985 年，Bossis 和 Brady 基于 Stokesian 动力学模拟而提出"粒子簇"理论（hydroclustering）。近年来，随着研究的深入，又有研究人员提出流体润滑—摩擦接触理论（lubricated to frictional，LF）。

①有序—无序转变机理。有序—无序转变机理表明，在稳定或较低剪切速率下，STF 中的微纳米颗粒呈有序的层状排列，未出现剪切增稠；在较高剪切速率下，颗粒原本的层状结构被破坏，形成无序结构，呈现剪切增稠。有序—无序转变机理成功地预测了临界剪切速率。然而，Egres 和 Maranzano 等的研究结果表明，有序—无序转变不是 STF 产生剪切增稠的充要条件。有序—无序转变会引起剪切增稠，但是某些情况下，STF 中的颗粒结构没有发生有序—无序转变时，也会产生剪切增稠。

②"粒子簇"机理。Brady 和 Bossis 通过大量试验提出流体间作用力会引起 STF 内部粒子的聚集而形成瞬间的粒子簇，因此黏度急剧上升而发生剪切

增稠。"粒子簇"理论认为，在STF体系中粒子主要受到三种作用力：一是静电作用产生的静电排斥力；二是温度变化产生的布朗运动；三是粒子与溶剂间产生的流体作用力。在较低的剪切速率下，体系内的静电排斥力和布朗运动使粒子间相互分离；在高剪切速率下，流体作用力超过粒子间静电排斥力，粒子发生聚合而产生"粒子簇"，导致整体黏度得到提高。粒子簇最早是通过数值计算的方法得到证实和验证，随后，应力阶越、流变—光学试验、小角度中子散射等实验测试也都证实和验证了此理论[83]。

③流体润滑—摩擦接触机理。近期，研究人员又重新梳理分散相颗粒在STF体系中的受力情况，提出粒子间三种作用力：静电排斥力、流体润滑力和摩擦力。而布朗运动对体系的影响不受外界载荷的影响。因此，Fernandez等提出一种新的模型来解释剪切增稠机理——流体润滑—摩擦接触机理。该理论认为，在剪切增稠阶段，流体润滑力超过排斥力，粒子间距离拉近直至发生接触。粒子间的接触摩擦力会抑制粒子发生运动，粒子间摩擦力逐渐增强甚至远远超过流体润滑力。因此，粒子间接触摩擦力起到主导作用，悬浮液发生堵塞（Jamming）现象[84]。

（2）STF的流变性能。许多学者通过稳态和动态的流变性能来研究STF的剪切增稠性能。稳态流变性能测试显示，随着剪切速率的增加，STF的黏度先是剪切变稀，当到达某个临界值时，黏度突然增加，表现为剪切增稠。所以临界剪切速率是一个重要的参考因素。动态流变性能包括储能模量和耗能模量。

STF流变性能的影响因素有很多，主要包括三大类：

①分散粒子，即粒子种类、粒子形状和尺寸（大小及分布率）、粒子固含量（质量百分比）和其他粒子的相互作用。

②分散液，即分散液的种类、分子质量和黏度。

③流场，包括流场类型、温度和流变率等。

上述所有的影响因素对STF的流变性能都有同步的协同作用[85]。研究表明，粒子的固含量即分散粒子占STF体系总体积的百分比，是影响STF剪切增稠行为的最重要因素。当粒子固含量超过某个值时，剪切增稠行为出现。Barne等通过试验验证了粒子的固含量超过50%之后，随着剪切速率的增加，液体的行为也急剧地改变，表现为液体最高黏度值的增大及临界剪切速率的减小[86]。

关于分散粒子对STF流变性能的影响，国内外学者做了很多的研究，Wetzel等研究了不同长径比（2∶1到7∶1）的$CaCO_3$/PEG体系的流变性能，研究发现，随着长径比的增加，STF出现剪切增稠现象时的浓度减小。粒子形状对STF的流变性能也有很大的影响。对固含量在20%，粒子形状为柱状、片状、谷粒状、球状的STF进行流变性能测试，结果表明，柱状颗粒的STF剪切增稠行为最明显，这也验证了高的长径比在较低的固含量下达到剪切增稠行为[87]。

Lee等研究了粒径为100nm、300nm、500nm的SiO_2在固含量在65%时STF的流变性能，研究表明，粒子尺寸增加，临界剪切速率减小。进一步研究表明，粒子尺寸分布对液体剪切增稠行为有影响，尺寸分布较广可导致临界剪切速率值增大。SiO_2/PEG体系比PMMA/PEG体系具有更好的剪切效果。这可能是因为PMMA粒子比较软，在高剪切速率下粒子发生软化导致的，该研究表明，粒子的硬度对STF流变性能有一定的影响[88]。另外，粒子间的相互作用力也是一个重要的影响因素。据报道，剪切增稠现象是由于粒子在剪切速率下的相对运动而形成的，如图1.12所示[89]。

分散介质作为剪切增稠液体的重要组成部分，对其流变性能必然有着很大影响。分散介质主要从分子间作用力、介质黏度和空间位阻效应等方面对体系产生影响。沙晓菲等研究了不同分子量PEG按比例进行复配的STF流变性能。PEG的量可以改变分散介质的黏度，从而影响STF的流变性能，试验表明，PEG200∶PEG400=1∶2是较为理想的复配方案[90]。伍秋美等用应力控制流变仪探讨了以SiO_2为分散相粒子，EG、PG、BG为分散介质制得的不同STF体系的流变性能，结果表明，各体系都具有可逆的剪切变稀和剪切增稠现象，同时发现，随着分散介质黏度的增加，体系临界剪切应力减小。同时探讨了在温度分别为10℃、20℃、30℃、40℃时STF体系的稳态流变性能，研究发现，体系的流变曲线随着温度的升高而呈现

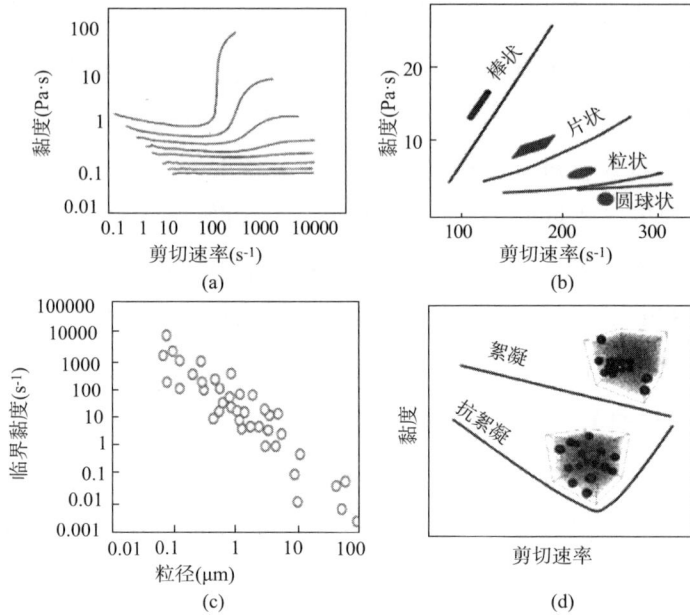

图 1.12　分散粒子对 STF 流变性能的影响[89]

出整体下移的趋势[91]。龚兴龙团队除了对STF进行稳态、动态流变性能测试，还测试了磁流变性能。

　　近几年，研究人员对高性能STF的制备方法及剪切流变性能展开研究，从而实现对STF剪切增稠的可控调节，进一步开展STF的应用研究。葛建豪将碳化硅纳米线添加到二氧化硅基STF中，流变性能研究表明，碳化硅纳米线对STF初始黏度及增稠阶段达到最大黏度均有显著提升，并且黏度随着碳化硅纳米线含量的增加而增加[92]。Majumdar等通过石墨烯增强二氧化硅基STF，多相STF的最大黏度提高。多相STF/织物复合材料的纱线抽拔力提高25%，而抗冲击性能由6.5% 提高到19.7%[93]。魏明海研究了纳米氧化锆（ZrO_2）和二氧化硅混合体系STF的流变性能，结果表明，当纳米氧化锆质量分数为12%时，ZrO_2/ SiO_2–STF体系的性能达到最优，此时该体系不仅没有明显的剪切稀化行为，而且临界剪切增稠速率相对较小，表观黏度峰值较大[94]。Qin等把离子液体和二氧化硅基STF进行复配制备一种新型STF，流变性能表明，这种新型STF具有独特的双连续剪切增稠行为和良好的导电性[95]。

另外，拉伸及挤压流变仪已用于 STF 法向载荷下流变性能研究。研究结果指出，STF 在拉伸及挤压条件下，当速率达到临界值时，STF 同样会呈现液—固转换的现象。White 等利用丝拉伸流变仪研究了玉米淀粉高浓度悬浮液的拉伸速率与拉伸黏度的关系，和传统的剪切流变测试结果相似，随着外加应变率的不断增加，玉米淀粉悬浮液由牛顿行为开始硬化，且硬化的速度和幅度都在显著增加。当黏度达到最大值后，玉米淀粉悬浮液的破坏可以从液体分解转变为断裂模式[96]。陈潜等利用挤压流变仪研究了 STF 在挤压模式下的流变性能，并调查了挤压速度、分散相固含量、接触面的粗糙度等参数下的黏度变化。结果表明，STF 产生法向黏度变化的条件与分散颗粒固含量有关，与板间距无关，且最大黏度随着挤压速率的增大而增大[97]。

（3）STF 法向力学性能。传统的 STF 剪切流变性能仅能表征 STF 在剪切载荷下的增稠行为，因此，研究者也做了很多尝试展开法向冲击载荷下 STF 力学性能的研究。国外有研究人员做了一个试验：一成年人快速跳入淀粉池而不下沉。对于此种现象，Waitukaitis 等用金属棒冲击玉米淀粉池，试验证实了该冲击行为与稳态剪切关联不大，而是对应于法向瞬间响应，成功解开了矛盾点。试验现象说明，高浓度悬浮液不仅在剪切载荷下产生增稠现象，法向冲击载荷下同样可以产生增稠或增硬现象，并且冲击条件下产生的应力远远超过剪切条件下产生的应力[98]。Lim 和 Asija 等分别运用分离式 Hopkinson 压杆（SHPB）调查了 STF 的高速冲击下的动态力学响应特性，试验表明，在高速冲击下 STF 的液—固转换现象非常明显。随着分散相粒子固含量的增加，STF 增稠现象越来越显著。但是当冲击强度足够大时，STF 出现屈服现象。Asija 等还通过冲击杆的加速度计算出 STF 的液—固转变时间[99-100]。Petel 等使用子弹冲击不同类型的 STF，研究 STF 分散相颗粒硬度和体积分数对 STF 抗冲击性能的影响，结果表明，分散相体积分数越大、分散相颗粒硬度越大的 STF 的抗冲击能力越强[101]。

（4）工程应用。研究人员在充分探讨 STF 的流变特性及剪切增稠机理的基础上，又开始将研究领域扩展到工程应用方面。目前STF主要应用在柔性个体安全防护材料、减震抗震缓冲材料以及阻尼器等方面。2002年，美国特拉华（Delaware）大学的Wagner博士提出把STF应用到防弹领域，这就是后来所报道"液体防弹衣"的早期构想。液体防弹衣就是STF和高性能纤维织物的复合材料[102]。

Lee等对STF/Kevlar织物和纯Kevlar织物的防弹性能进行比较，结果表明，在防弹性能相同的基础上，前者层数更少，其厚度更薄，灵活性也更好[103]。接下来国内外专家学者关于STF增强纺织织物在防弹、防刺及抗冲击性等方面做了大量的研究。Decker等分别用侧面有刃的刀和侧面光滑的锥来分别验证STF浸渍芳纶织物复合材料的抗刀割和抗穿刺性能。试验表明，STF浸渍织物的防刺性能明显提高。他们又通过STF/纱线的拉伸试验证明了STF/纱线在拉伸过程中的摩擦性能显著提高[104]。Park等首次将STF流变性能和STF/纤维织物复合材料防弹性能相结合分析，研究了不同体系的STF对STF/Kevlar复合材料防弹性能的影响，但是STF如何提高STF/纤维织物复合材料防弹性能的机理并没有阐述[105]。这也是目前为止对STF/纤维织物复合材料防护性能研究的缺陷所在。

2009年Lammer等报道了STF应用在运动产品中如羽毛球拍、滑雪板、运动鞋及关节等身体部位的减震缓冲设备等[106]。研究人员根据这种非牛顿流体在发生剪切增稠时黏度的巨大变化，将STF应用到速率控制器、非线性阻尼器等设备。Zhou等报道了STF填充的阻尼器的动态特性并建立数学模型来模拟以STF为基础的机械装置的工作机制[107]。龚兴龙团队报道了应用STF制备阻尼缓冲器，并测试了此阻尼缓冲器的刚度和黏性阻尼效果。结果表明，阻尼效果随着动态加载频率变化而变化[108]。Yeh等研究了分散相粒子浓度及分散介质相对分子质量大小对STF阻尼器性能的影响[109]。李闪提出了STF/纤维织物在隔音方面的应用[110]。王蒙等提出了STF复合膜材料在建筑行业的应用[111]。

STF/纤维织物柔性复合材料不仅在机械防护性能上有很大的提高，相比传统的防护材料，在轻便性、柔软度及舒适度上也有很大的改进。关于

STF的增稠特性及STF/纤维织物复合材料的机械防护性能，尽管一直在研究，但是仍然有很多的问题及挑战，具体如下。

①STF力学性能表征的增稠特性研究欠缺，传统的 STF 流变性能只能表征和解释 STF 在剪切模式下的增稠性，而STF在机械防护性能中的工作模式主要为典型的法向力学行为，从而导致STF的剪切增稠特性不能有效地解释STF/纤维织物复合材料的机械防护性能。

②调控STF的临界剪切速率，适用于不同领域。

③宏观剪切增稠现象是由于微观分子间相互运动而形成的，随着先进光学设备的引用，STF/纤维织物复合材料的防护机理有望明确。

④如何通过复合工艺的改进来解决STF和织物复合的均匀性及STF在织物上的黏附性。

1.2.3.2 聚乙烯（PE）

聚乙烯（polyethylene，PE）是乙烯经聚合而制得的一种热塑性树脂。它一般以树脂浸渍及薄膜热压的形式与纤维织物复合形成柔性复合材料。聚乙烯具有良好的拒水性，透气性也很好，所以常用于个体防护装备，但是聚乙烯薄膜与织物复合后的剥离强度不是很高。目前常用于防护复合材料的聚乙烯有韧性较好的线性低密度聚乙烯、茂金属聚乙烯及高密度聚乙烯等[112]。

1.2.3.3 聚乙烯离子基聚合物

离子基聚合物是美国杜邦公司开发的一种新型热塑性树脂，其注册商标是Surlyn，它是由乙烯—甲基丙烯酸共聚物经金属离子交联衍生出来的结构，所以具有有机丙烯酸和无机金属离子的优点。Surlyn是透明树脂，热黏合性好，柔韧性好，所以也是柔性防护材料优选的基体材料[112]。

1.2.3.4 橡胶

橡胶是指具有可逆形变的高弹性聚合物材料，分为天然橡胶和合成橡胶，如聚丁二烯、聚异戊二烯橡胶、氯丁橡胶、有机硅弹性体等。橡胶具有高弹性、绝缘性和高黏附性，不透水、不透气，它们常涂覆于织物表面形成柔性防护材料。常用于防护手套及鞋类产品[112]。

1.3　防刺割性能的研究现状

防刺割性能属于个体防护装备——机械防护性能的一部分。近年来，来自刀片、匕首及有刃器具的威胁伤害时有发生，另外工农业生产中，特殊工种要戴防刺、防割手套及穿防刺、防割服装，有些产品如轮胎、箱包、绳索及篷布都有可能受到利器的刺、割损伤。防刺割材料的需求及市场前景呈增长趋势。目前柔性防护材料的防刺割性能研究还正处于起步阶段。

1.3.1　相关理论基础

个体防护装备的机械防护性能包括防弹、防刺、抗冲击及防切割等，防弹性能研究得最早，也最成熟，防刺和抗冲击性能也一直在不断探索中，防切割性能研究仍处于初级阶段。机械防护性能的研究主要包括新材料开发、影响因素、防护机理等方面。由于利器材质、形状及防御环境不同，这些机械防护性能之间还存在着本质区别。

1.3.1.1　防弹

防弹机理主要表现为在钢芯（铅芯）弹丸的高速冲击下通过应力波传递对材料的横向和纵向产生的应变效应，具体表现为弹丸对材料的能量传递，当弹丸开始作用于材料的接触点时，材料产生变形。材料变形是由弹丸头部平推而造成的，随着弹丸的侵彻，一方面材料扩大变形，另一方面材料很快地增加对弹丸侵彻的阻力，最终材料被拉断，弹丸的动能转变成材料的断裂能，同时也通过材料的横向运动使其动能向边界扩散[113]。针对STF/纤维织物柔性复合材料的防弹吸能模式主要包括：织物变形，纤维断裂，STF在冲击载荷下的液—固转换时应变效应和能量耗散，弹体与材料之间的摩擦等。防弹材料需具备高强度、高韧性、吸能及应力波传递等性能。评价靶板防弹性能的国际通用指标是弹道极限速度V_{50}，它是指针对一定质量的弹头在该速度下（入射方向不变）穿透给定系统靶板的概率为

50%[114]。Nilakantan等通过理论模型及试验测试对机织物及STF/机织物复合材料的防弹性能进行系统研究，包括织物结构建模、防弹性能的表征方法、试验条件、材料组成、界面影响等[115]。孙西超等研究了STF/Kevlar铺层材料的防弹性能，以单位面积吸收的能量表征其防弹性能，结果表明，随着分散粒子固含量的增加，STF-柔性复合材料的防弹性能提高[116]。

1.3.1.2 抗冲击

柔性防护材料的抗冲击性能一般分三类：高速冲击，一般指冲击碰撞速度高于200m/s；低速冲击，通常指冲击碰撞速度低于20m/s的冲击；速度介于两者之间的碰撞统称为中速冲击。一般研究高速和低速冲击的比较多。抗冲击机理和防弹机理比较相似，即不同形状的冲击体在速度效应下防护材料对能量的吸收、传递。东华大学顾伯洪、孙宝忠等研究了机织物结构在高、低速冲击下的应变效应，建立本构关系，并利用有限元软件模拟织物抗高低速冲击现象[117]。Pasquali等提出根据能量守恒原理，冲击物在高速冲击过程中所释放的能量被防护材料以6种形式进行能量吸收或消散：靶板的背凸、接触纱线的断裂失效、临近纱线的变形、剪切阻塞；基体碎裂、复合材料的分层，并建立了理论模型模拟靶板不同的破坏形式及能量吸收机制。低速冲击由于冲击物释放能量较小，对防护材料的宏观破坏性很小，但是会产生微观损伤[118]。

1.3.1.3 防刺

在材料的防刺性能研究中，主要分为两种情况：有刀刃的刀具，又可分为单刃和双刃，如匕首、水果刀等；没有刃的锥子、钉、针等。锥子等端部尖细，且侧向光滑，在穿刺过程中纤维织物产生"开窗"效应，即纤维被锥子挤拉开而发生变形，但织物没有出现明显的断裂现象。而刀具在刺入的过程中还伴有对纤维材料显著的切割断裂作用。刀具及锥子是对物体低速低能量的剪切、拉伸、切割。姚晓林研究了纬编针织物的防锥刺机理，利用摩擦学理论，对单面纬编针织物在刺物刺入过程中线圈纱线滑移扩张的大小、影响因素和计算方法进行分析，得出纬编针织线圈在圆锥形刺物的穿刺下摩擦自锁原理。在此基础上，建立了纬编针织物刺物准静态侵彻计算模型[119]。

Termonia利用有限元模型模拟了纤维织物防针刺机理，结果表明，针刺过程包括四个阶段：针尖和纤维束的接触压力；针尖滑进纤维内，导致穿刺；织物和针的锥形部位的摩擦，对于多层织物系统，可获得针的圆锥部位与织物间摩擦力最大值；针的锥形部分划过织物[120]。

Gong 等调查了STF增强织物的防刀刺和针刺性能，与纯织物相比，STF/织物复合材料的防刀刺和针刺性能明显提高，并讨论了增强因素和机制，防刀刺性能主要受STF的硬质颗粒影响，而防针刺性能更依赖于纱线间的摩擦性能[121]。但是关于带刃刀具穿刺柔性防护材料过程中的切割机理还未见报道。

1.3.1.4 *防切割*

无论是爆炸弹片、冲击碎片还是带刃刀具对人体都有切割伤害。Person对切割进行定义，即用切割工具对固体材料按事先规定的切割线进行机械分离，切割具有如下特点：刀具与材料具有一定的夹角；相对于材料平行方向有相对滑移；刀具对材料施加载荷[122]。

国内外对柔性防护材料的抗切割性能的研究很少，但是其他领域的学者对切割性能及机理已有深入研究，对研究织物及其柔性复合材料的抗切割性能有很好的借鉴和指导作用。丁慧玲等认为切割机理必须能够解释切割的物理现象，并能预测切割刀具的磨损、切割阻力及能量消耗，并对纤维材料在切割过程中的摩擦学进行研究，重点是合成纤维的切割阻力及刀具磨损的研究[123]。刘庆庭等综述了国内外在甘蔗茎秆力学特性、切割器、刀片及切割理论等方面的研究成果。提出用材料科学的观点来研究甘蔗茎秆材料，在建立甘蔗茎秆材料模型的基础上研究其切割机理，更具有科学性[124]。胡中伟对生物软组织切割机理进行试验与理论研究，从断裂力学角度对生物软组织切割过程进行分析，根据能量平衡对切割过程中各个阶段能量之间的转换关系进行分析，并建立了各个切割阶段的切割力模型[125]。

柔性防护材料的机械防护性能的种类繁多，防护机理复杂多样，受诸多因素的影响，其中主要的影响因素包括：

①材料。纤维织物、基体、复合工艺、界面等。

②利器。材质、形状等。

③防护环境。速度、角度、边界条件等。

对机械防护本身的物理现象和机理的研究有利于设计和开发出性能、功能良好的防护材料，柔性防护材料的机械防护特征见表1.3[126]。

表 1.3　柔性防护材料的机械防护特征[126]

防护类型	防护利器	防护特征	防护机制
防弹（抗冲击）		 （1）冲击物和防护材料为点接触。 （2）冲击物以某个速度和角度接触、冲击防护材料	弹体冲击能以应力波形式转化给防护材料，防护材料的变形能和断裂能释放能量
防割		 （1）刀具和防护材料为线接触。 （2）刀具以某个角度和速度沿横向和法向作用于防护材料	尚未明确
防砍		 （1）刀具和防护材料为线接触。 （2）刀具以某个角度和速度法向作用于材料	冲击和切割机理
防锥刺（防针刺）		 （1）刺物的侧向光滑无刃，刺物和材料为点接触。 （2）刺物以某个角度和速度法向作用于材料	摩擦自锁原理，材料受拉伸和剪切变形

防护类型	防护利器	防护特征	防护机制
防刀刺		（1）刺物侧向单刃或双刃，刺物和材料为点接触。 （2）刺物以某个角度和速度法向作用于材料	摩擦自锁和切割机理，防护材料受拉伸和剪切变形

1.3.2　防刺割测试标准及方法

1.3.2.1　防刺测试标准及方法

为了科学客观地评价防刺材料的防刺性能，防刺标准制定显得尤为重要，标准规定了测试范围、测试方法和测试仪器的设计等。目前，国内外防刺标准有很多，分为准静态防刺标准和动态防刺标准。准静态防刺标准主要有：美国材料试验协会制定的标准ASTM F1342—2005《防护服材料抗穿刺性的标准试验方法》，英国大都会警察局制定的标准，欧洲标准化委员会制定的标准EN ISO 14876-3《防刀刺测试方法》，中国制定的标准GB/T 20655—2006《防护服装　机械性能　抗刺穿性的测定》。动态防刺（抗冲击）标准主要有：美国国家司法研究院制定的防刺衣防刺测试标准（NIJ 0115.00），英国的PSDB警用装甲标准及中国GA 68—2019《警用防刺服》[127-128]。

（1）准静态防刺标准。准静态防刺试验可以对材料的防刺性能进行初步评价，是柔性机械防护材料的一项重要试验。准静态防刺标准均用于韧性材料垂直方向的防刺性能测试，被测试样下方无背衬材料，穿刺刀、锥等锐器以固定速度刺穿试样，记录位移—力曲线评估材料的防刺性能。我国制定的GB/T 20655—2006《防护服装　机械性能　抗刺穿性的测定》包括：适用范围和试样要求，防刺等级，试验机应配有试样夹持器及穿刺钉的尺寸和硬度要求及试验方法等[129]。东华大学顾肇文教授根据GA 68—

2008测试标准将HD026N织物电子强力机改装成准静态防刺试验仪，试验刀具和试样呈90°，速度设置为20mm/min，试样夹在环形夹具内，材料防刺性能用刀具最大防刺力/织物面密度来表示[130]。西安工程大学孙润军教授指导学生根据GB/T 12017—1989测试标准重新设计了防钉刺测试夹持器和穿刺钉，并将其安装在万能材料强力机上[131]，见表1.4和图1.13。

表 1.4　抗刺穿强度及产品等级

等级	抗穿刺力 / N
特级	≥ 1100
Ⅰ级	≥ 780
Ⅱ级	≥ 490

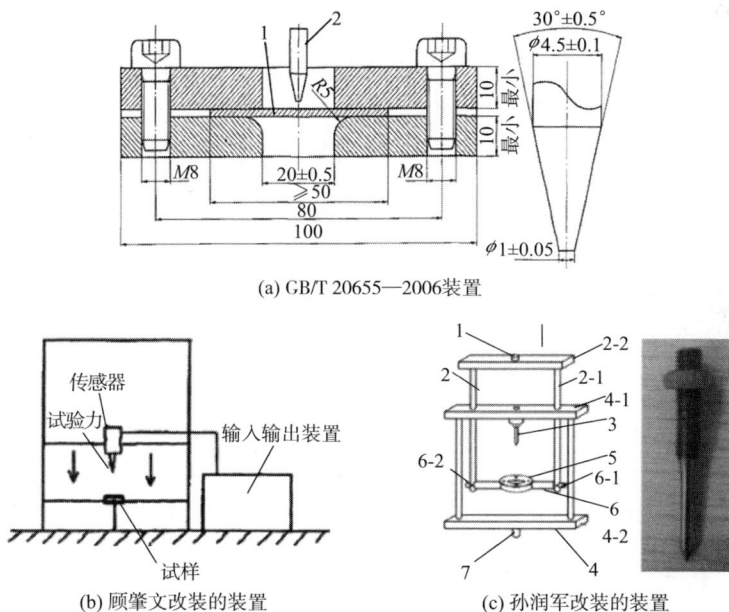

(a) GB/T 20655—2006装置

(b) 顾肇文改装的装置　　(c) 孙润军改装的装置

图 1.13　准静态防刺装置

（2）动态防刺标准。国内外动态防刺标准很多，目前软质材料动态防刺测试主要参照标准有英国PSDB警用装甲标准、美国的NIJ 0115.00《防刺衣防刺性能测试标准》以及我国GA 68—2019《警用防刺服》。

NIJ与PSDB所使用的测试方法大致相同。首先，均采用落锤式冲击方式，即刺物（刀、锥等）以一定高度自由落体刺向以一定角度放置在背衬材料上的防刺材料，测得刺穿深度，两种防刺标准均允许被测材料出现7mm内的穿透现象。其次，根据刺物类型将防刺服分为两类，即带刺防刺服（S1）和带刃防刺服（P1）。P1刀具由9Cr18MO制成，尺寸规格为130mm×20mm×2mm，尖部不对称，一边为8°不开刃，另一边为15°刀刃（开60°）。S1刀具代表一些较大型刀类器具，与袭击使用的武器类似，S1有两个刃口。但是NIJ与PSDB两个标准在穿刺夹具固定装置和背衬材料上有所不同，以及NIJ标准增加了S1钉状物。钉状物代表在实际生产生活等环境中可能会遇到的尖锐刺物。我国制定的GA 68—2019标准是在GA 68—2008的基础上修改了试验内容，增加了专业术语等，并借鉴了美国NIJ 0115.00标准的相关技术。我国防刺标准不允许被测材料出现穿透现象，刀具尺寸与美国标准中P1刀具规格略有不同，刀具尖部对称[132-134]，如图1.14所示。

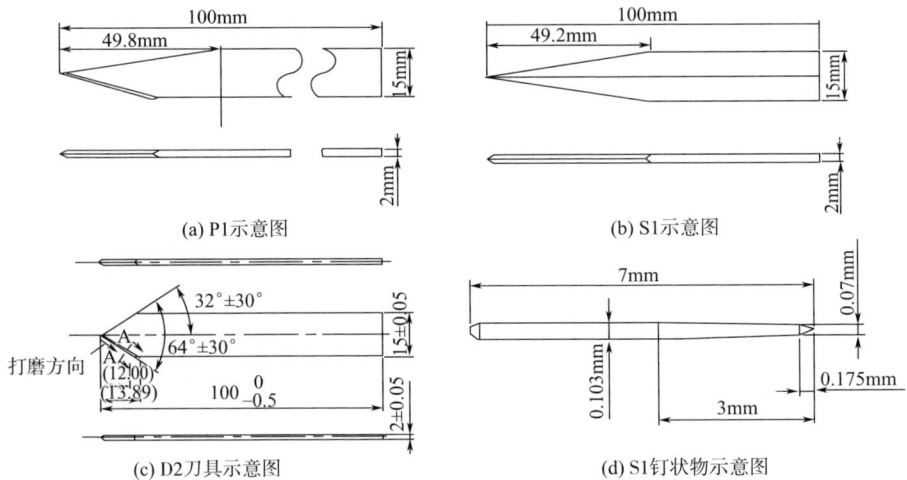

(a) P1示意图　　　　　　　　(b) S1示意图

(c) D2刀具示意图　　　　　　(d) S1钉状物示意图

图 1.14　标准刀具

动态防刺标准常见试验设备主要由落锤式冲击试验机测速（冲击力、冲击加速度）装置、刀具夹持装置、穿刺结果自动判定装置、背衬材料、背衬材料底座及方位调节机构等组成。如图1.15所示。落锤式冲击试验机通过控制下落高度，使重为2.4kg的标准试验刀具下落，并且接触背衬材料时冲击能正好为24J。下落高度由释放控制结构自动控制，电磁铁断电时，刀具自由落体式下落，并且在下落路径中增加一个护筒，确保刀具下落时始终保持竖直状态，能够垂直接触背衬材料。试验时，防刺层试样和背衬材料的穿刺角可

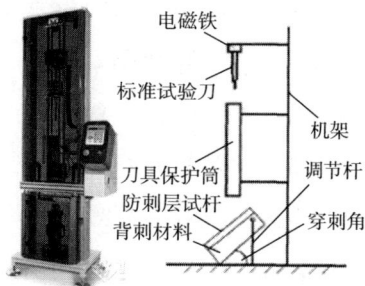

图1.15　落锤式冲击试验机

以通过一个调节杆从0°调节到45°，试验结束后，相应数据由计算机自动显示。GA 68—2019规定每个试样进行5次试验，3点刺入角为0°，2点刺入角为45°。

1.3.2.2　切割测试标准及方法

近几年，随着防切割产品市场需求的增加，为了评估防护材料的抗切割性能及抗切割等级，防护材料抗切割性能的测试方法及标准的研究工作也在同步开展。目前国际标准中常用的有三种抗切割性能测试方法，分别为BS EN 388、ASTM F1790和ISO 139979。国内关于防切割材料及其相关产品的防切割性能测试标准只有警用防割手套GA 614—2006，它是在BS EN 388的基础上结合我国的国情修订的。但是纺织产品原材料如纤维、纱线的抗切割性能测试方法及标准还没有，研究人员通常利用自行设计的设备或在现有的机械力学试验仪上改造的方式对高性能纤维及纱线抗切割性能进行研究。

（1）BS EN 388[135-137]。BS EN 388是欧洲标准委员会在1994年颁布的防护服装用材料抗切割测试方法标准，最新版本于2016年修订，此标准可适用于纺织品及柔性纺织品复合材料所受切割、摩擦、刺、撕裂等物理机械伤害。它的切割测试原理即圆刀片在5N正压力下对材料在规定距离（50mm）范围内进行往复旋转运动，刀刃的最大正弦切割速度为100mm/s。记录圆刀片旋转周数，与标准材料的旋转周数对比后，通过计算公式换算成抗切割指数，最后用抗切割指数确定防割等级。

①切割测试设备。BS EN 388标准的切割测试设备如图1.16所示，圆刀片由钨钢（HV740~800）制成，直径为45mm，厚度为0.3mm，刀刃角为30°~35°。切割试样的尺寸不小于80mm×100mm，底部是平直的试样夹持器，夹持器有5个沟槽，每个沟槽尺寸为90mm×5mm。试样下面垫一块导电胶，当材料被割破后与导电胶接触，测试停止。切割周数可精确到0.1周。对比材料选用面密度为540g/m²的棉布，织物厚度为1.2mm。在测试时刀片上方有重锤给刀片施加正压力。

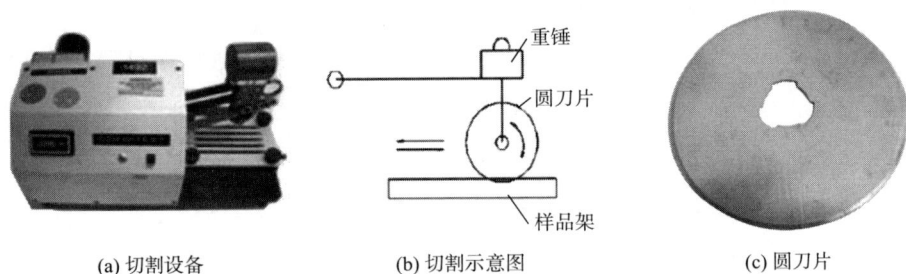

(a) 切割设备　　　　(b) 切割示意图　　　　(c) 圆刀片

图 1.16　BS EN 388 标准的切割测试设备

②测试方法。把试样固定在导电胶上，每一次测试前后都应该测试刀片的锋利程度，所以测试顺序为：

a. 测试标准样，记录刀片旋转周数C_n；

b. 测试样，记录刀片旋转周数T_n；

c. 再测标准样，记录刀片旋转周数C_{n+1}。

每个样品测试5次。

③数据处理方法。材料的抗切割性能用抗切割指数I表征，I计算式如下：

$$I_n = \frac{(\overline{C_n} - T_n)}{\overline{C_n}} \tag{1-1}$$

$$\overline{C_n} = \frac{(C_n + C_{n+1})}{2} \tag{1-2}$$

$$I = \frac{1}{5} \sum_{n=1}^{5} I_n \tag{1-3}$$

式中：I_n为任意一次切割的抗切割指数；$\overline{C_n}$为任意一次切割前后参照样品周数的平均值。

一般地，最终抗切割指数取两次试验结果的最小值，即：

$$I=\min\left(I_1,\ I_2\right) \tag{1-4}$$

上述计算方法在使用过程中发现存在的缺陷有：测试不具有可重复性，计算出来的抗切割指数不能代表材料的真实抗切割性能，因此 Flambard 改进了抗切割指数计算方法，引入了两个新因子 C_{ce} 和 C_{cs}。

$$C_{ce}=\left[\ \sum_{n=1}^{10}\frac{T_n}{C_{cn}}-\max\left(\frac{T_n}{C_{cn}}\right)-\min\frac{T_n}{C_{cn}}\ \right]\ /8 \tag{1-5}$$

$$C_{cn}=\frac{\left(C_n+C_{n+1}\right)}{2} \tag{1-6}$$

$$C_{cs}=C_{ce}\times\left(\frac{540}{m}\right) \tag{1-7}$$

式中：540 为标准样的每平方米克重；m 为测试样本的每平方米克重。

利用公式计算抗切割指数，并对照表1.5来评估材料的抗切割等级，抗切割指数是无量纲值，其值越大，抗切割性能越好。

表 1.5　抗切割等级参照表

切割等级	抗切割指数 I
1 级	1.2
2 级	2.5
3 级	5.0
4 级	10.0
5 级	20.0

（2）ISO 139979[136-138]。ISO 139979是国际标准化组织在1999年通过的防护服装用材料抗切割测试标准。该标准涉及的测试材料包括织物及其柔性复合材料、皮革、橡胶及其增强材料等，不包括金属、石质等硬质材质，涉及的伤害主要来自刀等金属锋利边缘。切割测试原理即直刀片以一定的速度水平划过材料表面一定的距离，当材料被划破穿透时，机器停止，记录刀片施加在材料上的力的大小，切割力为最终抗切割性能的表征值。

①测试设备。ISO 139979标准的切割测试设备如图1.17所示，主要组成包括：

a. 设备架；

b. 施加压力设备，该施压设备为重量分配比率为2：1的长臂杆，杆的一边连着刀片，另一边是测重砝码，即刀片施加在样品上的力是砝码重力的2倍，压力量程为1.0 ~ 200N；

c. 样品夹持器，样品夹持器固定面为拱形，半径R为（38 ± 0.5）mm，试样尺寸约为25mm × 100mm；

d. 刀片，刀片为不锈钢材质，洛氏硬度（HRC）大于45，切削角约为40°，刀片尺寸为65mm × 18mm × 1mm；刀片速度通过夹持器上的电动机控制，速度可调范围为1 ~ 500mm/min；

e. 切割距离测量器，精确到0.1mm；

f. 导电装置，铝箔条粘贴在载物台的上表面、试样的下方，当刀片切断试样和铝箔接触，刀片夹持器上的导电装置通过刀片和铝箔产生回路，切割试验停止；

g. 启动装置，控制切割设备的开、关。

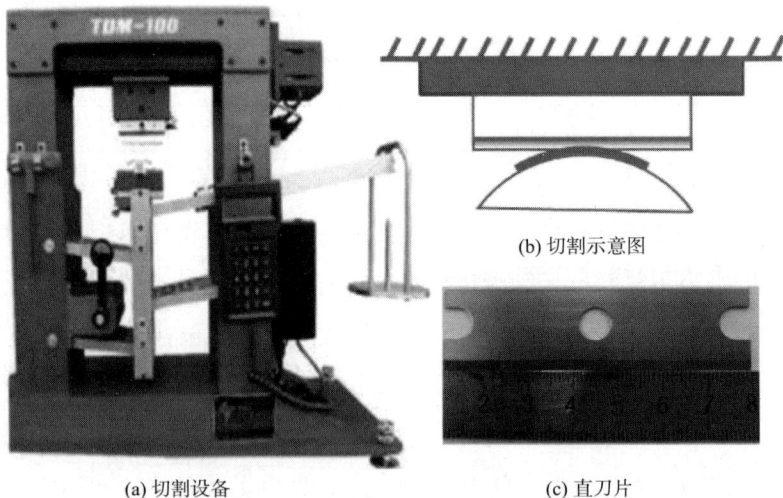

(a) 切割设备   (b) 切割示意图   (c) 直刀片

图 1.17　ISO 139979 标准的切割测试设备

②测试方法。把导电胶用专用胶带固定在样品台上，样品固定在导电胶的上面。针对纺织织物及其他具有一定取向的材料取样时，切割方向应与织物编织的经纬向约呈45°，其他特殊材料或产品取样应视情况而定。通过砝码对刀具施加压力，砝码的添加从小到大尝试，刀片与样品的切割角度为90°，刀片以2.5mm/s的速度划过材料表面，材料划破穿透材料时接触到导电胶，试验结束，记录刀片运行距离。每组样品可以测试15次，以材料割破时刀具滑移距离为20mm时的切割力来区分材料抗切割性能，即当材料的切割距离一定时，施加力越大，抗切割性能越好。

③数据处理。测得的数据通过专业软件进行拟合，获得载荷—位移曲线，即接触织物刀片上的加载力与切穿织物所需滑移位移关系，最终可以准确地拟合出刀片滑移20mm的切割力，如图1.18所示。

（3）ASTM F1790[138-140]。ASTM F1790是美国材料测试协会在1996年通过的防护材料抗切割测试方法标准2015年修订新版本ASTM F1790M—2015。ASTM F1790标准的测试设备如图1.19所示。它的原理和ISO 139979标准相似，只是有些参数设置稍有改动。两者的区别及抗切割等级划分见表1.6和表1.7。

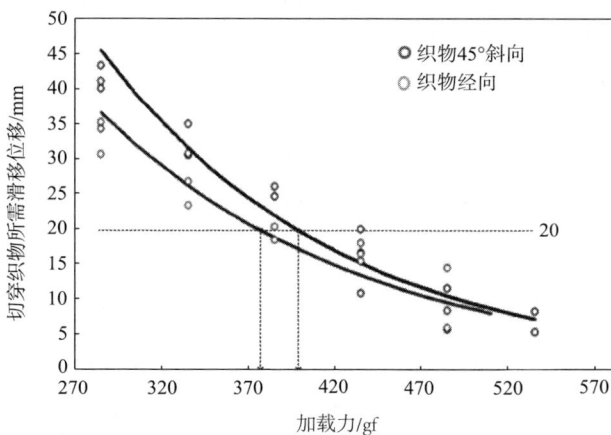

图 1.18　ISO 139979 标准数据处理后的载荷—位移曲线

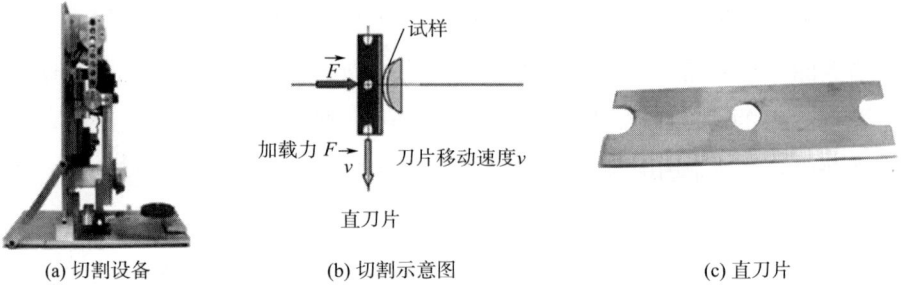

(a) 切割设备　　　　　　　(b) 切割示意图　　　　　　　(c) 直刀片

图 1.19　ASTM F1790 标准的切割测试设备

表 1.6　ISO 139979 标准和 ASTM F1790 标准的区别

ISO 139979	ASTM F1790
正压力固定	正压力不固定，在切割过程有摩擦力因素
刀片移动速度不变	刀片移动速度呈正弦曲线分布
抗切割力以刀片滑移 20mm 材料被割破为准	抗切割力以刀片滑移 25mm 材料被割破为准
导电胶位于样品和双面胶之间，刀片割破材料后直接与导电胶接触	刀片要割破样品和双面胶才能与导电胶接触
刀片锋利程度校正为：$C=20/t$（t 为 5N 压力下切割氯丁橡胶的位移）	刀片锋利程度校正为：$C=20/t$（t 为加载重量为 400g 时切割氯丁橡胶的位移）

表 1.7　ISO 139979 标准和 ASTM F1790 标准的切割等级划分

切割等级	切割力（ISO 139979）	砝码重（ASTM F1790）
等级 1	≥ 1.6N	<200g
等级 2	≥ 3.3N	>200g
等级 3	≥ 6.5N	>500g
等级 4	≥ 13N	>1000g
等级 5	≥ 22N	>1500g

（4）其他测试方法。防切割材料一般是高性能纤维织物及其柔性复合材料。为了深入研究材料的抗切割性能，有些学者对高性能纤维及其纱线的抗切割性能进行研究。Mayo 等自制了纤维单丝的切割测试装置（图1.20），该装置有可旋转控制平台、角度盘、橡胶夹持器，刀片的切

割角度及纤维放置角度可以通过可旋转平台来控制并有角度盘记录角度变化。通过力传感器测出切割过程中的切割力—位移曲线[141]。Shin对现有的力学测试仪器进行改造，自制了一个带有预张力的纱线夹持装置，刀片安装在长杆上，角度可以调节，刀片和样品的切割运动通过一个向上运动的撞击栓来实现，高速摄像仪安装在刀片的下方记录纱线切割过程，如图1.21所示[142]。Moreland改造了英国刀具及相关行业贸易研究协会颁布的刀具锋利测试设备，自制纱线夹持器，力传感器被安装在纱线上夹头处用于记录纱线切割前的预张力及切割过程中的切割力，如图1.22所示[143]。

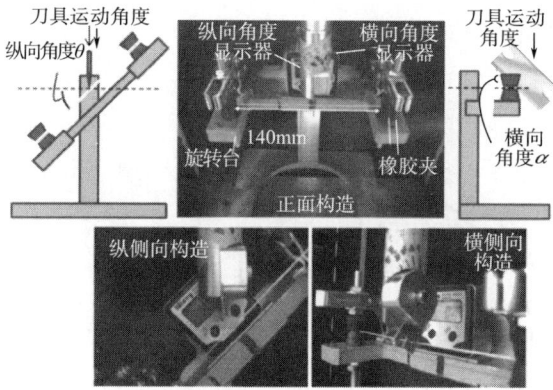

图 1.20 Mayo 自制的纤维切割测试设备

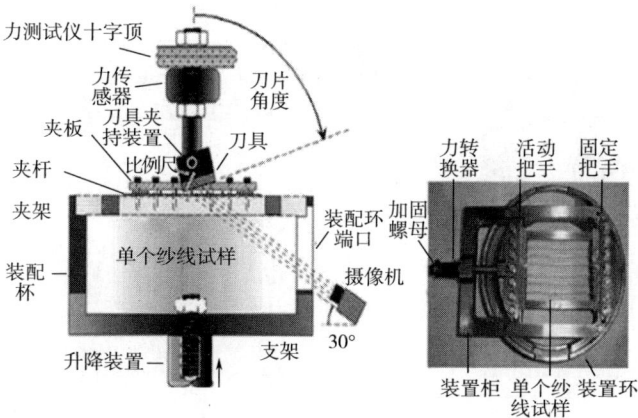

图 1.21 Shin 改造的纱线切割测试设备

王丽娟在INSTRON万能强力仪上安装自行设计的附件来测试纱线的抗切割性能，附件为两边有孔的U型板，安装在万能强力仪的下架头，刀片装在U型板上，纱线绕过刀片其两端夹在上夹头，切割角度可通过U型板两边的孔来调节，切割速度也可设置，如图1.23所示[144]。顾静也自制了一台纱线抗切割测试设备，主要由3个区域组成：刀片固定区，刀片以一定的角度安装在支架上，刀片比纱线高出约2.5mm，刀片在电动机的带动下循环运动；工作区，纱线或织物安装在上方工作框上，两边挂重锤，设置纱线预张力以防止纱线在切割过程移动；动力及数控区，切割速度被脉冲所控制，刀片的运动距离表征纱线的抗切割性能，此设备还能测试纤维织物的抗切割性能及耐磨性，如图1.24所示[45]。

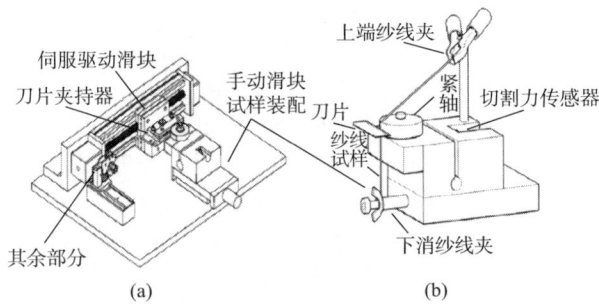

图 1.22　Moreland 改造的纱线切割测试设备

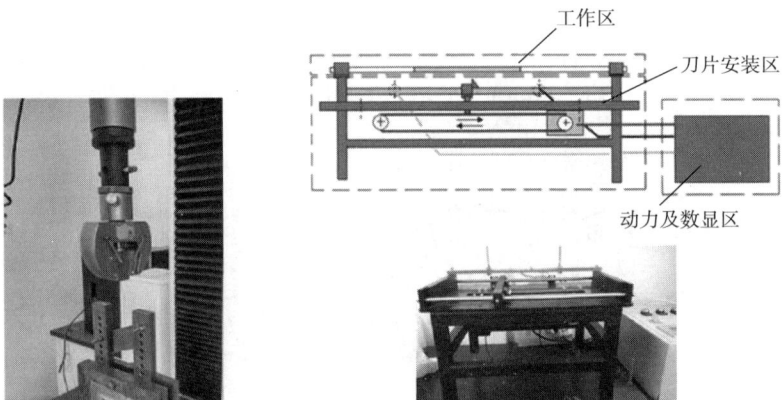

图 1.23　王丽娟改造
的纱线切割测试设备

图 1.24　顾静自制的纱线及纤维织物的切割
测试设备

1.3.3 防刺割性能国内外研究现状及存在问题

1.3.3.1 防刺性能国内外研究现状

基于STF高度非线性力学行为，STF在个体机械防护领域有着极大的应用价值。继Wagner等将STF与Kevlar织物结合并制成防弹衣，并对其抗弹性能进行研究后，众多学者通过不同方法对不同纤维织物浸渍STF后的防刺性能进行了大量的研究，发现STF浸渍纤维织物是一种提升纤维织物防刺性能的有效手段。Xu等研究了SiO$_2$基STF浸渍机织物的防刺性能，与纯机织物相比，相同厚度下，STF/机织物复合材料的防刺性能提高较明显；相同面密度下，STF/纤维织物复合材料的防刺性能远远超过纯织物。

有研究指出，纳米颗粒固含量越高和纳米颗粒尺寸越大，STF体系的STF/纤维织物复合材料的防刺性能越好[145]。Hasanzade等研究了浸渍多壁碳纳米管复配二氧化硅基STF的高模量聚丙烯纤维织物的准静态防刺性能，发现经STF处理后的纤维织物防刺性能显著提高，并且多壁碳纳米管复配二氧化硅基STF对纤维织物防刺性能的提升效果优于二氧化硅基STF的提升效果，说明STF对纤维织物性能的提升效果与其流变性能有关[146]。

Qin等研究了STF的加入量对其纤维织物复合材料准静态和动态防刺性能的影响，并对STF/纤维织物复合材料和纯织物的防刺性能、其他力学性能（拉伸、撕裂及纱线抽拔性能）进行系统的研究。结果显示，与纯织物相比，STF/纤维复合材料更轻、更薄、更柔软。当加入适量的STF时，这种复合材料甚至不被穿透。STF/纤维织物复合材料的拉伸强度较纯织物增加2倍，撕裂强度增加近8倍[147]。但是STF在准静态和动态穿刺过程中是否产生增稠现象、何时产生增稠现象（增稠响应）及STF增稠前后对纤维织物柔性复合材料防刺性能的增强机理并未给出明确解释。

为研究STF/纤维织物柔性复合材料的防刺机理，Kordani用显示动力学的有限元方法对复合材料的冲击过程进行模拟，发现摩擦响应是STF影响纤维织物性能的主要原因。

为进一步研究STF对纤维纱线之间摩擦的影响，研究人员对STF/纤维织物复合材料进行冲击试验的同时也进行了STF/纤维织物复合材料的纱线抽拔力学响应的研究。研究发现，STF对纤维织物内单纱抽拔力的提升效果显著，并且浸渍STF的纤维织物单纱抽拔力学响应随抽拔速率的改变而改变，而纯纤维织物则与抽拔速率无关[148]。

刘芳文研究了高性能UHMWPE纤维织物及其STF复合织物的动态及准静态抗刀刺性能。结果显示，与纯UHMWPE纤维织物相比，经STF浸渍的织物的防刀刺效果明显提升，并简述了STF/织物复合材料的防刀刺机理：

①当纯纤维织物被刀具破坏时，切割断裂占主要的部分。

②当刀具冲刺STF/纤维织物复合材料试样时，受到冲击时STF会瞬间产生增稠效应，就会提高纤维间的摩擦力，使刀尖的刺入相对比较困难。

③STF增稠后会促使"粒子簇"的生成，使受冲击部位变得很硬，会使刀具钝化，从而降低了刀具的切割能力[149]。

但是刀刺过程中STF的增稠响应对STF/纤维织物复合材料防刺性能的增强机理仍未明确，这也是到目前为止STF/纤维织物柔性复合材料防刺性能研究的瓶颈所在。

1.3.3.2 防割性能国内外研究现状

国内市场上的防割产品很多，如防割服、防割手套、防割挡板等，产品的抗切割性能的研究主要体现在防割纱线的开发和纱线抗切割性能的影响因素的分析。专利201710507697.5中，马惠峰发明了一种防割纱线，主要以UHMWPE、涤纶低弹丝、玻璃纤维为原料，采用交叉包覆的方法形成包芯纱[150]。

天津工业大学的毕蕊对多种高性能纤维进行加捻、二维编织包缠及合股的方法形成不同结构类型的纱线，首次系统研究了纱线沿横截面的抗切割性能以及纱线沿轴向的拉伸性能对防割性能的影响，分别从纱线结构、纱线材料、切割速度对纱线横向切割性能的影响进行分析，但是纱线切割机理没有涉及[151]。

苏州大学顾静阐述了UHMWPE短纤维纱线及UHMWPE/PET混纺纱的制备工艺，自行设计了纱线的切割设备，并对UHMWPE短纤纱和UHMWPE/PET混纺纱的抗切割性能进行测试。最后对UHMWPE/PET混纺纱机织物进行基本力学性能、抗切割性能、抗冲击性能和抗磨损性能的测试。阐述了UHMWPE含量对混纺织物抗切割性能和抗磨损性能的影响。但是由于是自制设备，且目前还没有纱线切割测试方法标准，因此试验准确度和可重复性不高[45]。

天津工业大学肖莹选用不锈钢长丝与棉纤维进行包芯纱的纺制，在保证一定的包覆效果的基础上，对不锈钢长丝包芯纱的包覆率进行探讨，确定了不同直径的不锈钢长丝的最低包覆率，研究了不锈钢长丝包芯纱股线和纯棉股线在不同配置下织成的斜纹织物所表现出来的透湿性、透气性、服用性和防切割性能。该研究中织物防切割测试所用设备是自制设备，但是并没有对切割设备进行介绍，仅以切割次数来表示织物的抗切割性能[152]。

东华大学刘柳对国外三种切割测试标准（BS EN 388、ASTM F1790、ISO 139979）进行比较，并以Dyneema（UHMWPE的商品名）纱线织成的手套为研究对象，研究了欧洲标准下的几个参数对手套防切割性能的影响。同时，通过与美国标准ASTM F1790的测试结果进行对比，分析各种参数对最终结果的影响[134]。

由此可见，由于国内切割测试标准的缺失，对织物及其柔性复合材料的抗切割性能还不能进行系统的研究，织物及柔性复合材料抗切割性能的研究任重而道远。

不论是抗切割产品的市场开发还是抗切割性能及机理的理论研究，国外相对较成熟。例如，美国HDM公司注册的SuperFabric®耐磨防切割产品，英国PPSS公司注册的Cut-Tex®抗切割针织面料及英国工业手部防护领域的行家Polyco公司推出的Metallica™防护手套等。

Jaime等对国际上防护材料的三种抗切割测试标准进行系统且详细的对比[135]。Mayor等研究了高性能纤维单丝的抗切割性能，通过扫描电子显微镜（SEM）对单纤维切割破坏后断头的微观形态进行分析，结合纤维切割破坏形式和切割力的理论分析，阐明了刀具的几何参数、切割角度、纤维类型等对切割力的影响[140]。Shin研究了PBO纱线的抗切割性能，分析了切割角度、纱线预张力对纱线抗切割性能的影响，但是没有分析阐述纱线的切割断裂机理，对纱线切割性能的影响因素的分析也不是很全面[141]。Jeffrey开发出用于防切割材料的芳纶共聚物纤维，并对纤维切割过程中的影响因素及纤维切割破坏模式进行简单分析[143]。Kothari等研究了织物结构和纤维材料对纤维织物抗切割性能的影响，织物的切割试验结果表明，平纹织物具有更好的抗切割性能，蜂窝结构的抗切割性能最差。单丝纤维织物具有很好的抗切割性能，对位芳纶织物沿径向切割阻力最小，而HDPE纤维织物在纬向切割阻力最小。基于摩擦力与施加载荷呈正比，能量消耗与磨损量呈正比等假设条件下，建立了一个简单数学模型，该模型能够预测织物切割力和滑切摩擦力[153]。

Thi等研究了防护材料切割过程中摩擦力的作用，结果表明，材料在切割过程中有两类摩擦力：与正压力相关的滑动摩擦力；与界面黏结相关的握持摩擦力。但是没有分析摩擦力与材料抗切割性能的关系[154]。Ertekin研究了混纺机织物的抗切割性能，并对混纺比例及混纺材料对纤维织物的抗切割性能进行分析[51]。Alpyildiz等开发和研究了双面带内嵌纱线针织物的防割防刺性能，研究表明，带内嵌纱线的双面针织物抗切割性能良好[70]。Thilagavathi研究了聚氨酯（PU）泡沫和针织物的叠层复合材料的抗切割性能[155]。Mohammadi利用计算机技术模拟了切割过程接触物之间的力学感应，这为材料抗切割机理的研究提供了理论指导[156]。

尽管有关于材料的抗切割性能从纤维、纱线、织物及影响因素等不同方面的研究，但柔性复合材料抗切割性能研究的文献资料很少，材料的抗切割机理仍尚未明确。

1.3.3.3 防刺割性能国内外研究存在的问题

目前市场上防刺、防割产品品类繁多，市场前景广阔，但是真正达到实际应用效果的产品并不多。针对柔性防护材料防刺割性能研究存在的问题如下。

（1）理论滞后于实践，关于材料本身的防刺割机理尚不清楚，理论研究的滞后阻碍了产品的开发。

（2）统一认证的抗切割测试方法及标准的缺失，国外三种抗切割测试方法标准的切割测试设备只适用于商业抗切割等级认证，用于抗切割性能的科学研究还存在许多不足之处。还未建立纤维及纱线的抗切割测试方法标准。

（3）关于纤维织物的防切割性能的理论基础较薄弱。较多的学者是在防匕首类有刃刺物的防刺性能基础上开展的防割性能研究，防刺和抗切割存在着实质性的区别。纤维、纱线及其织物在切割过程的结构变化及失效机理十分缺乏。

（4）纤维织物增强韧性聚合物基体的柔性复合材料作为抗切割材料已被市场认可，但对其抗切割性能的研究较少。STF是柔性防护复合材料的常用基体，但是关于STF基柔性防护复合材料抗切割性能的研究鲜有报道。

1.4　本书主要研究内容

本书选用UHMWPE纬编针织物及STF制备柔性复合材料，重点研究STF/UHMWPE纬编针织物柔性复合材料的防刺割性能。首先以STF法向载荷下力学性能表征的增稠特性为切入点，阐述STF法向载荷下的增稠机理。以水平切割和垂直刺割性能为主线，结合高性能纤维纬编针织物的防刺割失效模式，进一步研究STF/UHMWPE纬编针织物柔性复合材料的防刺割性能及STF法向载荷下的增稠特性与STF/织物柔性复合材料防刺割性能的协同效应，为我国柔性个体机械防护装备的设计与开发提供理论和技术支撑。具体研究内容如下。

（1）STF的力学性能研究。

①STF的制备及流变性能，即利用混合粒径的SiO_2纳米颗粒制备STF，流变性能测试表征面内剪切作用下的剪切增稠特性。

②STF准静态挤压模式下的力学性能及影响因素。

③STF准静态抽拔模式下的力学性能及影响因素。

④STF在挤压和抽拔流动力学行为下的增稠机理。

（2）UHMWPE纱线抗切割性能研究。

①UHMWPE纱线抗切割性能的试验设计，由于纱线抗切割测试方法还没有统一标准，本研究需自行设计和改建试验设备。参考文献资料，制订试验方案，多方面考虑纱线抗切割性能的影响因素，如纱线纤维、纱线结构、切割方向、切割速度及刀片锋利程度等。

②UHMWPE纱线抗切割性能的理论分析，首先分析UHMWPE纱线切割过程中的受力情况，通过SEM观察UHMWPE纱线内的单丝纤维切割断裂后断头，分析UHMWPE纤维切割失效模式，结合UHMEPE纤维材料基础力学性能，建立UHMWPE纱线切割过程能量消耗的理论模型，揭示纱线的切割破坏机制。

（3）UHMWPE纬编针织物的防刺割性能研究。

①按照ISO 139979防护服装用材料的抗切割测试方法标准对纬编针织物进行水平滑移切割试验研究，通过改造INSTRON万能力学试验仪，利用美国NIJ 0115.00防刺标准中的P1刀具对纬编针织物进行垂直刺割试验研究。分析试验结果，研究参数对纬编针织物防刺割性能的影响。

②对针织物刺割过程进行分析，包括刺割过程的受力分析、破坏形式等。研究纬编针织物在刺割过程中的摩擦效应，通过试验研究、理论分析阐述刺割过程中摩擦效应对纬编针织物防刺割性能的影响。

③利用固体材料断裂力学理论，阐述纬编针织物的刺割断裂物理现象，根据非线性弹性材料断裂力学的能量平衡分析法，研究和探讨纬编针织物刺割过程中的能量转化特点及每个阶段能量计算方法。

（4）STF/UHMWPE纬编针织物柔性复合材料的防刺割性能研究。

①STF/UHMWPE复合纱线防割性能的研究，为STF/UHMWPE纬编针织物柔性复合材料防刺割性能提供理论依据。

②STF/UHMWPE纬编针织物柔性防护材料的制备。

③STF/UHMWPE纬编针织物柔性复合材料的防刺割性能研究，和纯UHMWPE纬编针织物一样，刺割试验包括水平切割和垂直刺割。分析测

试参数对STF/UHMWPE纬编针织物柔性复合材料防刺割性能的影响。

④研究STF刺割过程的增稠特性与STF/UHMWPE纬编针织物柔性防护材料防刺割性能的协同效应，分别从刺割速度、刺割过程中的摩擦效应及刺割断口形貌三个方面进行分析，从而揭示STF/UHMWPE纬编针织物柔性防护材料的刺割破坏机理。

第 2 章　STF 的力学性能研究

2.1　引言

  STF在柔性机械防护领域的应用已取得很多阶段性成果，如STF流变性能，STF剪切增稠机理，STF/纤维织物柔性复合材料的防弹、防刺性能等方面的研究。STF的柔性机械防护性能主要有三种工作模式：剪切流动、挤压及拉伸流动，其中挤压和拉伸流动行为均为典型的法向变形。传统的STF流变性能测试只能表征和解释STF在面内剪切模式下的流动性能及剪切增稠现象。由于STF稳态下的液体流动状态及测试设备的限制，尽管研究人员已经做了很多尝试，STF的法向力学行为仍很少被研究。

  本章以混合粒径的SiO_2纳米颗粒为分散相，以PEG200和PEG400复配液为分散介质制备STF，利用分散相粒子的固含量来调节STF的流变性能。在自行改造的INSTRON万能试验机上测试STF在准静态挤压及抽拔模式下的力学性能。设置接触界面粗糙度、速度、接触面积、STF液面高度等试验参数，分析各试验参数对STF准静态挤压及抽拔力学性能的影响。最后，阐述了STF在挤压及抽拔流动行为下的增稠机理。

2.2　STF 的制备及流变性能

  本章重点研究STF在挤压和抽拔模式下的力学行为，不强调STF的技术改进，所以选用本课题组已研究出的最佳配方制备STF，即分散相选用混合粒径的SiO_2纳米颗粒，其固含量为75%，分散介质为PEG200和PEG400体积比为1：2的复配液。

2.2.1 试验原料及设备

试验所用原料及设备的具体介绍见表2.1和表2.2。

表 2.1 制备 STF 的试验原料

药品名称	药品规格	生产厂家
SiO_2 粉末	80nm，250nm，650nm	赢创德固赛有限公司
PEG200（化学纯）	CP	国药集团化学试剂有限公司
PEG400（化学纯）	400#	国药集团化学试剂有限公司

表 2.2 制备 STF 的试验设备

设备名称	设备型号	生产厂家
电子天平	AL204	Mettler Toledo 公司
恒速搅拌机	S212	巩义市予华仪器有限公司
超声仪器	SK3200H	上海科导超声仪器有限公司
真空烘箱	DZF–6090	上海一恒科学仪器有限公司
扫描电子显微镜（SEM）	S–4800	日本 HITACH 公司
流变仪	MCR301	上海安东帕公司

2.2.2 STF 的制备步骤

STF是由纳米级SiO_2颗粒分散到PEG复配液内形成的胶状悬浮液，为了形成稳定、均匀的STF，本书采用机械搅拌和超声波震荡法制备STF。具体步骤如下：

（1）将体积比PEG200：PEG400=1：2的混合液倒入三口烧瓶，并将三口烧瓶固定在恒速搅拌机上，三口烧瓶下方放置超声波仪器，把搅拌棒插入三口烧瓶后，打开恒速搅拌机和超声波仪器，搅拌机的速度设定为

500r/min，三口烧瓶内的搅拌棒叶片旋转，三口烧瓶下面有超声波震荡。

（2）按照分散相粒子固含量为75%，将准备好的不同粒径的SiO₂粉末在电子天平上称重后，采用分批方法加入PEG复配液中，每次加入的SiO₂粉末不宜过多，待搅拌均匀后再继续加入，直至全部加入。

（3）当SiO₂粉末全部加入后，为了形成胶状悬浮液，要继续搅拌一段时间并伴有超声波震荡。

（4）在搅拌过程中，分散液内会含有大量气泡，将制备好的STF放置在真空烘箱里24h以彻底去除气泡。

通过SEM观察制备好的STF的微观状态，可以观察到SiO₂颗粒均为球状，且粒径不同，均匀地分散在PEG复配液里。图2.1为STF在稳定状态下的实物图和微观形貌图。

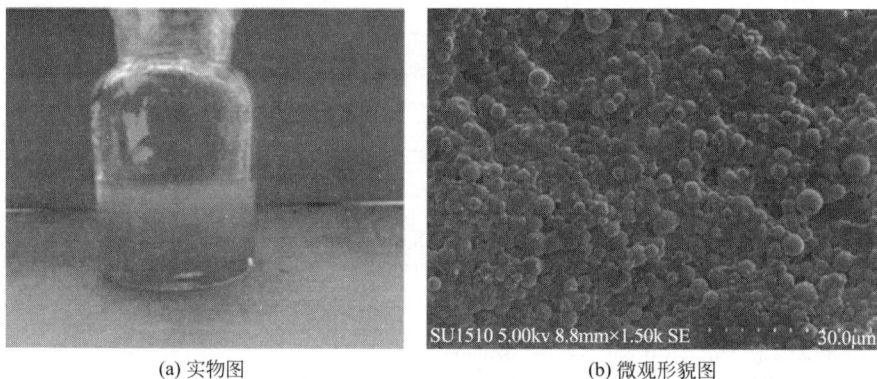

| (a) 实物图 | (b) 微观形貌图 |

图 2.1　稳定状态下 STF 的实物图和微观形貌图

2.2.3　流变性能测试

流变性能测试可以表征制备好的STF是否具有剪切增稠效应。流变仪（Anton-paar MCR301）如图2.2所示，测试模式为稳态剪切，测试温度为25℃，剪切速率控制在0.1～1000s⁻¹。测试方法：将STF放在上下测量板之间，下板固定，上板以角速度ω旋转，上板转子为圆形，直径为25mm。为了使测试尽快达到稳定状态，刚开始在小剪切速率下多剪切一段时间

（1min）。测试原理即利用所测得的扭矩和转子的几何因子计算出每个剪切速率下的黏度，得出剪切速率—黏度曲线。计算式如下：

$$\tau = K_\tau M \qquad\qquad (2\text{-}1)$$

$$\gamma = K_\gamma \omega \qquad\qquad (2\text{-}2)$$

式中：τ 为流体所受的应力（Pa）；γ 为流体所受的应变；M 为液体给平板的扭矩（N·M）。

当上板直径为 R，板间距为 H 时，K_τ、K_γ 可用下式表示：

$$K_\tau = \frac{2G}{\pi\left(\dfrac{R}{10}\right)^3} \qquad\qquad (2\text{-}3)$$

$$K_\gamma = \frac{R}{H} \qquad\qquad (2\text{-}4)$$

流体的黏度为：

$$\eta = \frac{\tau}{\gamma} \qquad\qquad (2\text{-}5)$$

图2.3为制备好的STF稳态流变测试的剪切速率—黏度曲线。由图可知，随着剪切速率的增加，STF在剪切应力作用下经历三个阶段：

①剪切变稀。

②剪切速率达到临界值时，黏度急剧增加，STF呈现快速的剪切增稠，也就是液—固的转换。

③持续一段时间后又出现剪切变稀。

图 2.2　流变仪

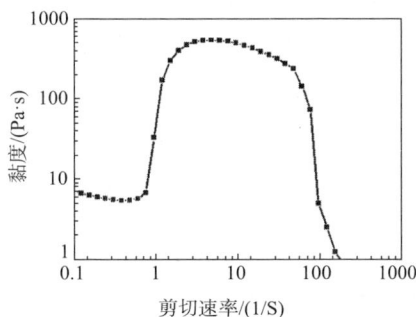

图 2.3　STF 稳态流变测试的剪切速率—黏度曲线

STF基柔性防护材料应用的就是STF剪切增稠这一范围段。但是稳态流变测试反映的是STF面内剪切力作用下的黏度值，不属于机械力学研究的范畴，只能表征STF具有剪切增稠效果。另外，传统的流变仪只能测试STF面内剪切力作用下的黏度变化，而不能表征STF法向力学行为下的增稠效应。

2.3 STF 挤压和抽拔模式下的力学性能研究

2.3.1 STF 挤压和抽拔力学试验

2.3.1.1 试验材料及设备

取一定量的STF放置在大容器里。试验设备为经过改造的INSTRON万能试验仪和自行设计的附件，如图2.4所示。图2.4（a）是被改造后的INSTRON万能试验仪，下夹头被改装成能固定大容器的工作台，工作台通过螺丝安装在INSTRON万能试验仪的机座上，大容器使用专用胶带固定在工作台上。图2.4（b）是自行设计的试验附件（不同截面金属杆）的示意图。金属杆为不锈钢实心圆柱体，总长度为150mm，其上部切削成厚度为4mm、长度为30mm的薄片状，试验时夹在INSTRON万能试验仪的上夹头。试验分为两种模式：准静态压缩和拉伸，具体步骤如下。

（1）取一定量的STF倒入大容器内，把容器固定在INSTRON新设计的工作台底座上，静置若干小时。

（2）把金属杆夹在机器的上夹头，试验模式设置为压缩模式，设置试验参数，启动机器。

（3）当金属杆到达设定的位置，试验停止，挤压试验完成。

（4）此时保持试验材料不动，静置若干小时待STF恢复到稳定状态，重新设置试验模式为拉伸，设置试验参数，STF从容器里抽拔出，完成抽拔试验。

利用INSTRON力传感器，可以实现对挤压力、抽拔力和杆的位移进行实时数据采集和记录。

| (a) 试验设备 | (b) 不同截面金属杆 | (c) 砂纸 |

20mm　40mm　60mm

图 2.4　STF 压缩和抽拔试验装置

2.3.1.2　试验参数

在STF的挤压和抽拔力学试验中，试验参数为（挤压或抽拔）速度、接触面积、STF的液面高度及接触界面的粗糙度，表2.3列出了一些主要参数及其参数变化值。STF是一种率相关的材料，所以挤压和抽拔速度参数作为重点研究对象，速度范围设置较广一些，最小速度为10mm/min，最大速度为500mm/min。在挤压和抽拔试验中，杆和STF接触面积通过改变杆的圆形横截面直径（20mm、40mm、60mm）来调节。通过在容器里加入不同体积的STF来改变STF的液面高度，液面高度设置为35mm、55mm、75mm。此外，还考察了杆的壁面粗糙度对STF压缩模式下力学性能的影响。将不同目数的塑料薄膜砂纸粘贴在杆的周围及底部，用于改变杆的表面粗糙度，如图2.4（c）所示。塑料砂纸是在塑料板上涂覆微米级的SiC或SiO$_2$颗粒，根据其直径可以区分砂纸的规格。选用两类砂粒差别较明显的砂纸和未修饰的光滑杆进行比较。两种砂纸目数分别为1500目和4000目，其砂粒直径分别为10.5μm和3.4μm。砂纸被分别切成长方形和截面圆形，黏附在杆的四周及底部。为了能够理解和分析在挤压和抽拔过程中一个参数的影响规律，通常保持其他条件不变而只改变此参数。针对每个参数，在相同条件下进行5次重复试验并取中间值，所有的试验均在常温下进行。

表2.3　试验参数及参数变化值

参数	变量值						
速度 /（mm/min）	10	20	60	100	150	300	500
杆的圆形截面直径 d/mm	20			40		60	
液面高度 H/mm	35			55		75	
壁面粗糙度 / 目	无砂纸			1500		4000	

2.3.1.3　挤压力和抽拔力

（1）典型的位移—挤压力曲线。图2.5（a）为金属杆准静态挤压STF过程所测得的典型位移—力曲线。由图可知，挤压力随着位移增加呈非线性增大，STF的位移—力曲线可分为三个阶段：

①自由扩散阶段，STF中的SiO_2纳米颗粒被分散介质液膜包围，一起向周围自由扩散，颗粒之间没有接触，STF的挤压力几乎为零；

②黏性流动阶段，随着杆下降到某个位移临界值时，其挤压力开始缓慢上升。此阶段，颗粒之间仍然没有接触，由于杆的下降使杆下方与容器之间的间距减小，杆周围的SiO_2颗粒接触频率增加，黏性力增强，出现挤压力；

③杆继续向下运动，杆下方的间距越来越小，导致杆下方STF内的颗粒空间变小，运动的颗粒之间逐渐接触形成网状结构，最后凝结成块，杆下方及周围形成较大的扩散阻碍区域。颗粒运动受到阻碍，这一阶段的挤压力越来越大，STF产生增稠现象。

（2）典型的位移—抽拔力曲线。图2.5（b）为金属杆准静态抽拔STF过程中所测得的典型位移—力曲线。由图可知，曲线也可以分为三个阶段：

①起始阶段，呈线性关系，STF从稳定状态突然受力，SiO_2颗粒在高速率下剧烈运动相互接触形成阻碍区域，此阶段STF产生增稠现象，可以定义为STF的抗抽拔模量；

②黏性流动阶段，随着杆上移带动杆周围的STF内SiO_2颗粒相互黏附在一起，黏性力增强，抽拔力稍有增加；

③滞留阶段，由于杆的上移，杆下方及周围的空间越来越大，SiO_2颗

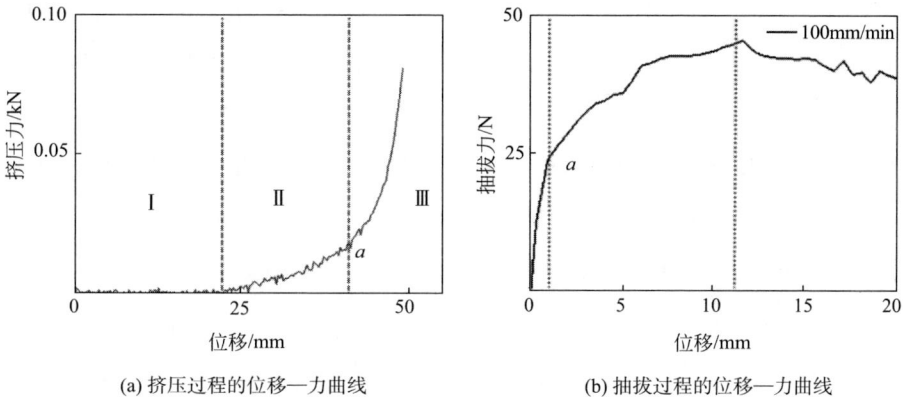

(a) 挤压过程的位移—力曲线　　　(b) 抽拔过程的位移—力曲线

图 2.5　STF 准静态挤压和抽拔过程的位移—力曲线

粒形成的阻碍区域随着颗粒间的相互运动也逐渐消散，黏附在杆上的STF也逐渐掉落，抽拔力慢慢下降。

比较两个典型位移—力曲线图可知，这是金属杆准静态冲压STF一个完整的循环过程。在位移—挤压力曲线的a点是挤压过程开始形成阻碍区域的起点，随着挤压间距的减小及周边边界条件的影响，SiO_2颗粒的运动空间越来越小，在小区域内STF 的SiO_2固含量越来越大，颗粒间相互接触，逐渐形成网状结构，因此法向挤压力急剧增大。而在位移—抽拔力曲线的a点也是抽拔瞬间形成阻碍区域的起点，不同的是抽拔过程，小区域内STF的SiO_2固含量越来越小，颗粒间的相互接触力随着接触空间的增加而减小，因此抽拔力增速不断地减小。两者在a点的法向应力的变化不会相差太大。差值大小在于抽拔试验时STF的稳定程度。由STF的位移—挤压力和位移—抽拔力曲线分析可知，STF在准静态挤压和抽拔的过程中都产生了瞬间增稠现象。

2.3.2　试验参数对 STF 挤压模式下力学性能的影响

2.3.2.1　挤压速度的影响

利用INSTRON万能试验仪测试非牛顿流体挤压流动行为，测量的是金属杆与STF之间的接触力，并不能准确地获得分散体系内的速率分布。

由于STF是一种率相关敏感材料，所以挤压速率定义为挤压速度与金属杆和容器底部边界之间距离的比值。在挤压过程中，STF围绕着金属杆在容器中呈发散状扩散，包括侧向扩散和经向扩散。侧向扩散是指金属杆在向下滑移的过程中，STF沿着金属杆的壁面向上流动，侧向空间增大，导致SiO_2颗粒的接触力降低，这对剪切增稠材料具有负面影响。而经向扩散是指随着金属杆的下移，杆和容器底部边界之间距离越来越小，挤压速率越来越大，SiO_2颗粒在STF中的固含量也越来越大，颗粒间彼此靠近，相互接触力加强，所以挤压速度对STF的法向应力有明显的影响。STF的经向扩散在挤压过程中占主导作用，STF在挤压过程中的经向扩散属于等面积压缩即两者的接触面积始终不变，所以挤压法向应力等于挤压力除以杆的横截面积。

图2.6为STF在不同挤压速度参数下的位移—力曲线。相同挤压速度下，随着杆的下移，杆与容器底部边界的距离越来越小，速率则越来越大，SiO_2颗粒间运动速率增大，产生粒子凝聚，挤压应力增加。相同位移处，杆压缩速度较大时，STF内的粒子接触频繁，因此挤压力呈较快上升趋势。STF在压缩模式下的力学性能研究指出，STF挤压过程的增稠成型过程都有缓冲期，即存在临界速率，此临界速率是STF的固有性质。压

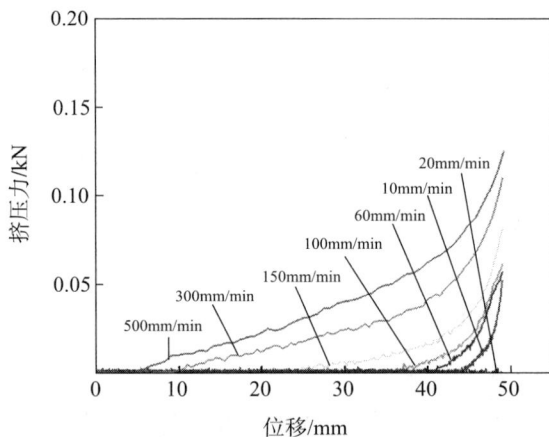

图2.6　不同挤压速度下的位移—力曲线

缩速度增加，则金属杆的临界位移减小，挤压过程中STF提早产生增稠现象，因此可以指导其在柔性防护材料领域的应用。

2.3.2.2　接触面积的影响

为了研究接触面积对STF挤压模式下力学性能的影响，在其他条件不变的情况下，通过改变金属杆的横截面积进行研究。从图2.7可以看出，接触面积对挤压过程中STF的力学性能有着显著的影响。随着接触面积的增大，STF的挤压力随着位移增大呈梯度增加。当接触面积从直径40mm圆形截面增加到直径60mm时，最大挤压力由80N增加到450N，临界位移则从40mm迅速减小到1mm。而接触面积从直径20mm增加到40mm时，挤压力和临界位移变化不是很大。从实际观察看，STF在挤压过程中与杆直接接触区域产生增稠效应，特别是杆的下方区域，所以杆的截面积越大，杆下方的STF的体积就越大，参与流动的SiO_2颗粒就越多，当颗粒链形成时，阻碍区域就越大，挤压力则呈线性增加。由此可知，冲击物的截面积越大，STF基柔性复合材料抗冲击性能越好。

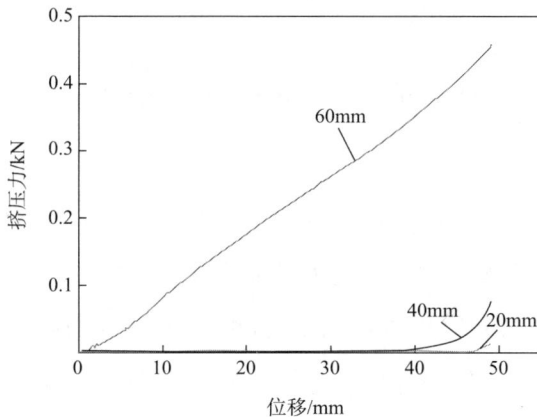

图 2.7　不同接触面积的位移—力曲线

2.3.2.3　接触面粗糙度的影响

在挤压过程中，STF和金属杆表面会产生相互作用，试验观察发现，STF会黏附在杆的表面，壁面粗糙度可以改变两者的边界条件，STF与壁面的黏结力可以理解为SiO_2颗粒与壁面间的湿摩擦。为了研究壁面粗糙度对STF挤压流动行为的影响，试验通过不同粗糙度的砂纸来修饰金属杆的表面，以改变壁面的粗糙度。图2.8所示为修饰和未修饰的金属杆作用下STF的挤压力变化。光滑金属杆对STF的挤压力影响较大，粗糙的壁面反而阻碍了STF的挤压流动行为。研究文献表明，在高浓度颗粒状悬浮液的挤压过程中，链结构的滑移主要在杆的附近，而用砂纸修饰的粗糙杆表面限制了杆附近SiO_2颗粒的运动，阻碍了颗粒链的形成，所以法向挤压力减小[130]。

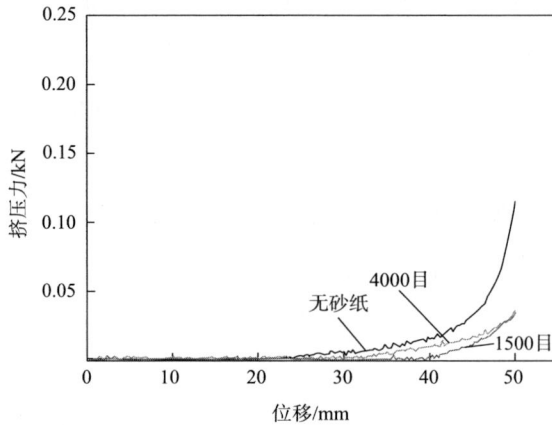

图 2.8　不同接触壁面粗糙度的位移—力曲线

2.3.2.4　液面高度的影响

在研究STF的力学性能时，试样的边界条件是一个重要参数，对力学性能有很大的影响。为了研究边界条件对STF挤压流动行为的影响，本文通过改变STF在固定容积容器的液面高度来改变STF的边界。STF在挤压过程中沿着杆下移会产生经向扩散，对于固定容积容器，改变液面高度可以使STF与压缩杆的间距发生改变，从而改变STF的经向边界条件。图2.9（a）显示了挤压速度为150mm/min时，液面高度在55mm和75mm的STF位移—力曲线，很明显，液面高度的变化对STF压缩模式下的力学性能有着很大的影响。液面高度越高，初始速率越小，增稠临界位移越大，在相同位移处，挤压力越小。为了验证液面高度的影响，绘制图2.9（b）所示挤压速度为300mm/min时，液面高度分别在35mm、55mm和75mm的STF位移—力曲线，临界位移及相同位移下的挤压力显示相同的趋势。液面高度越低，STF在压缩过程中经向扩散越能快速形成阻碍区域，实现增稠效应。STF是受到挤压速率的影响产生流体—类固体的转化，所以边界条件液面高度就成了重要的影响因素。在压缩过程中由于液面高度的减小使得SiO$_2$固含量增加，颗粒间运动空间减小，剧烈运动的SiO$_2$颗粒彼此靠近，颗粒之间的相互接触力加强，颗粒凝结，更容易形成网结构。所以液面高度越低，挤压力越大。

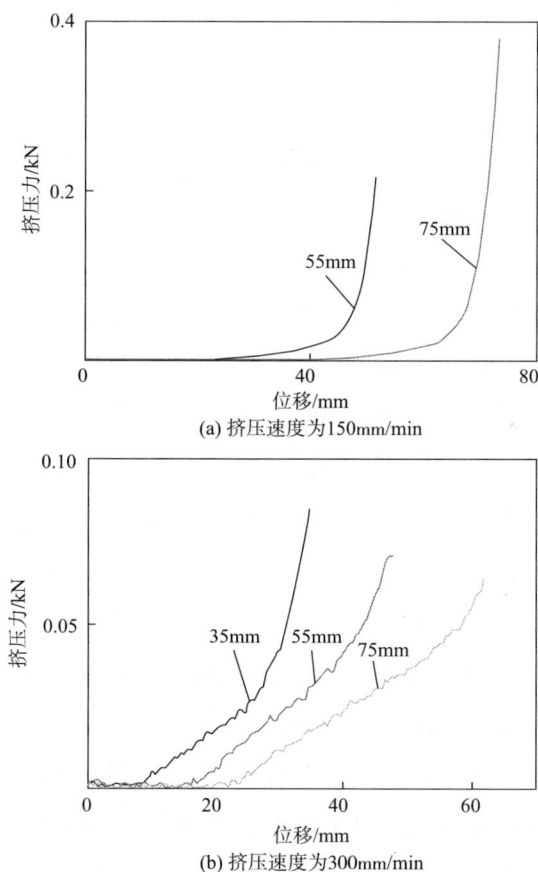

(a) 挤压速度为150mm/min

(b) 挤压速度为300mm/min

图 2.9　液面高度对 STF 挤压流动的影响

综上所述，STF在压缩过程的挤压流动行为受到很多因素的影响，

STF是率敏感材料，在挤压过程中由于速率的变化而产生增稠效应。挤压速率定义为压缩速度和间距的函数，且STF挤压增稠临界速率是STF的固有性质。因此，STF的挤压流动行为主要影响因素为速度和间距。试验证明，随着速度的增加，STF的增稠临界位移减小，挤压力剧烈增加。随着STF的边界间距的减小，STF的临界位移减小。STF挤压模式下的力学性能即杆与STF相互接触产生的力学行为，所以接触面积、接触面的粗糙度对STF的力学性能也有着重要的影响。接触面的粗糙度对STF挤压过程的增稠特性影响不大。受限于试验条件，未能测出STF挤压力最大值走向，这也寄希望于后面学者的研究。

2.3.3　抽拔速度对 STF 抽拔力学性能的影响

STF的抽拔力学研究是挤压过程的反向试验，挤压—抽拔是一个完整的循环过程，在挤压试验结束后，静置若干小时，STF呈稳定状态后金属杆从STF分散体系中抽拔出来，测试其抽拔力。由2.3.1.3分析可知，STF的抽拔受力过程可分为三个阶段，第一阶段STF从稳定状态到受到某个速度的牵拉，此时抽拔速度增加剧烈，STF内SiO_2颗粒受到抽拔速度的影响，发生剧烈运动，颗粒间相互作用力加强，当初始速度达到临界抽拔速度时，颗粒链形成，增稠效应出现，抽拔力急剧增加。因此，STF抽拔过程的增稠现象发生在第一阶段。但是在STF的抽拔过程中，抽拔速度逐渐减小，后面两个阶段没有研究意义。所以STF抽拔力学性能研究不同于挤压力学性能，它主要体现在初始抽拔速度下的初始抽拔力的大小即定义为抽拔模量。所以本小节仅从抽拔速度对STF抽拔力学性能的影响进行分析。

图2.10所示为不同抽拔速度下的STF位移—力曲线。当抽拔速度增加时，STF的抽拔流动行为显示出明显的变化。从图2.10（a）中可以看出，当抽拔速度为6mm/min时，由于抽拔速度较小，相对速率也较小，STF内SiO_2颗粒运动不剧烈，颗粒间不能相互作用形成颗粒链，几乎没有抽拔力。当抽拔速度增加到20mm/min和60mm/min时，同样此时的速度没能达到STF增稠的临界速率，所以抽拔力没有增加。图2.10（d）显示150m/min

的抽拔速度已经达到了STF增稠的临界速率，STF的抽拔模量增大。图
2.10（f）显示现有试验条件下最大抽拔速度500mm/min时的STF抽拔力学
行为，与图2.10（e）抽拔速度为300mm/min相比，STF的抽拔模量和最大
抽拔力几乎没有变化。这个现象可以解释为当抽拔速度增加到STF增稠
临界速率时，STF开始产生增稠效应，抽拔模量急剧增加。在抽拔速度为
300mm/min，其他条件不变的情况下，SiO_2颗粒链已经完全形成，STF完成
液—固转化。

图2.11为不同抽拔速度下STF抽拔力的最大值。STF没有产生增稠现象
的抽拔力是个恒定值，约1.5N。随着抽拔速度的增加，STF的SiO_2颗粒间
相互作用，颗粒凝结形成阻碍区域，STF产生增稠效应的最大抽拔力达到
140N左右。产生增稠的STF抽拔力增加了将近150%。由图可知，对于一
定的STF分散体系的抽拔过程，STF的增稠过程存在增稠的起始点即临界
速度和最大增稠程度即最大抽拔力。这对实际应用有很好的指导作用。

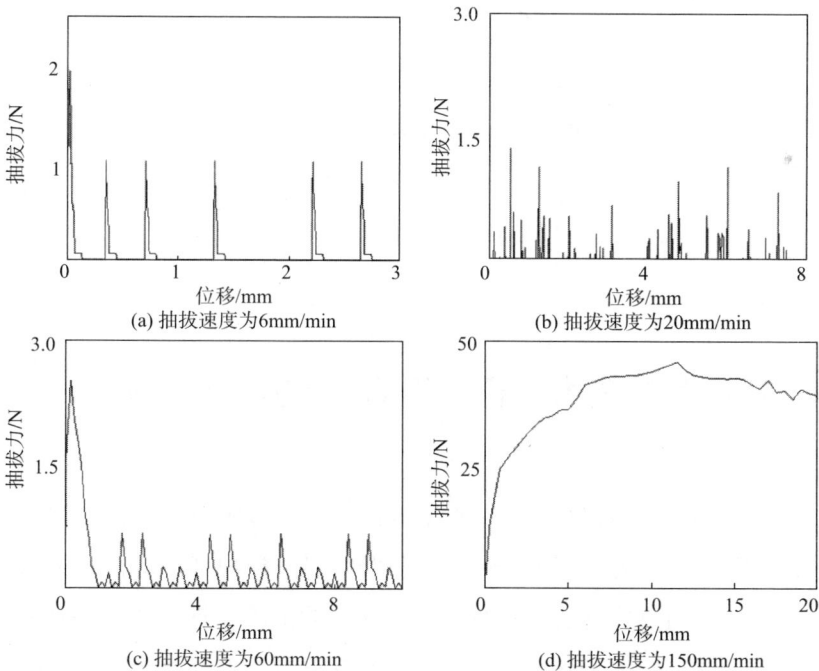

(a) 抽拔速度为6mm/min

(b) 抽拔速度为20mm/min

(c) 抽拔速度为60mm/min

(d) 抽拔速度为150mm/min

图 2.10

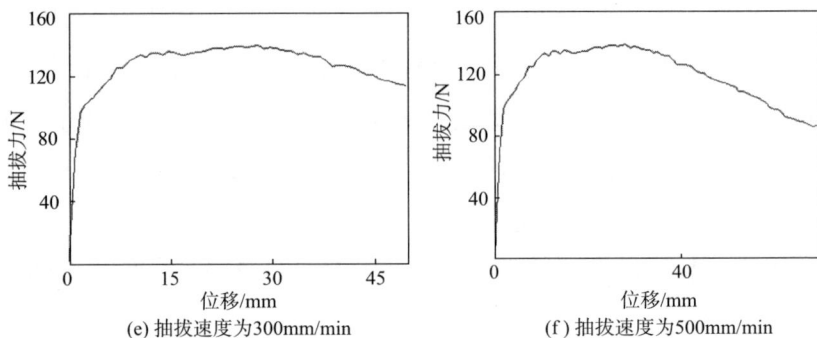

(e) 抽拔速度为300mm/min   (f) 抽拔速度为500mm/min

图 2.10   不同抽拔速度下的 STF 位移—力曲线。

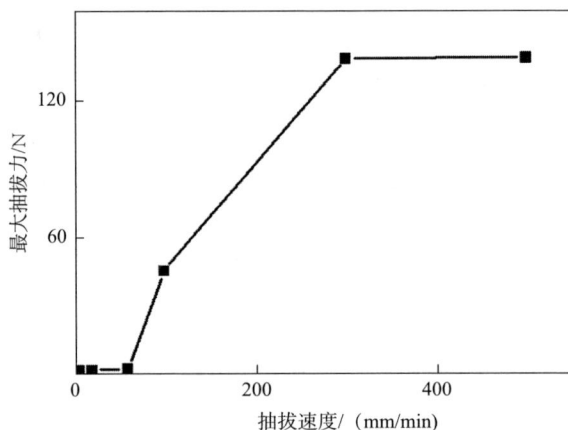

图 2.11   不同抽拔速度下的 STF 抽拔力的最大值

2.4 挤压和抽拔力学行为下 STF 的增稠机理

STF是纳米级固体颗粒与牛顿流体物理共混形成的非牛顿非均质悬浮液。大量学者通过流变测试这种高质量分数悬浮液剪切流动模式下的黏度变化来表征剪切模式下的增稠行为，也提出粒子簇和有序到无序机理来解释剪切增稠现象。上节试验表明，STF在挤压和抽拔力学行为下均产生增稠现象。STF的液—固转化不是化学反应引起的，而是在外部条件下引起液体内颗粒运动的物理过程。这种相变过程和凝聚态物理中的Jamming现象相似，Waitukaitis等也提出高浓度悬浮液在冲击过程中通过Jamming动态前延形成固化块[98]。因此，可以用Jamming动态前延现象解释STF在法向力学行为下的增稠机理。

2.4.1　Jamming 现象

Jamming即阻碍、卡死，宏观意义是指流体在某些条件下产生凝聚而受阻，微观意义是指组成物体的分子在某些外界条件下产生分子间的凝聚而相变。凝聚态物理中的Jamming现象是指在温度、施加应力、封装密度的倒数三者相互作用下产生的液—固转化。根据此理论，温度的改变可以使液态下的聚合物转变成固体，因此有了玻璃化转变温度、橡胶化转变温度等。同样施加应力，封装密度的倒数也可以使聚合物产生相变。Fernandez等提出采用颗粒间的接触力模型解释非连续性剪切增稠（DST）现象的发生机理。在颗粒物理中，颗粒间的摩擦性能决定干颗粒的封装密度。对于STF分散体系，在低速率作用下，内部颗粒均匀分散，由于颗粒间存在液体，颗粒间形成流体润滑，摩擦系数较小，相对应的封装密度较大。当速率增大，颗粒直接接触，摩擦系数增大，相对应的封装密度变小。当STF内局部体积分数大于接触时的封装密度时，体系发生Jamming现象[157]。因此，接触模型将颗粒流中的Jamming现象概念引入STF中，为STF法向力学行为下的增稠机理研究开辟了一条新的思路。

图2.12为挤压过程中金属杆周围STF分散体系变化的实物图和示意图。试验观察发现，当金属杆准静态挤压STF时，STF随杆下移产生液面凹陷，用凹陷深度h和液面凹陷半径r来表征液面凹陷程度。随着杆的下移，h、r也以一定的速度增大，其增大速度与杆的挤压速度有关，如图2.13所示。另外，随着挤压速度的增加，杆下方的STF形成Jamming现象并以一定速度增长。受限于试验条件，不能捕捉到STF随着杆的下移Jamming现象的变化。由图2.12（b）可知，在挤压过程中，STF围绕金属杆在容器中呈发散状扩散，SiO_2颗粒主要以径向扩散维护，表现为杆的下

方的Jamming现象，并且Jamming以一定的速度向前延伸，STF呈现为液—固转化的增稠现象，可用Jamming区域长度H来表征。

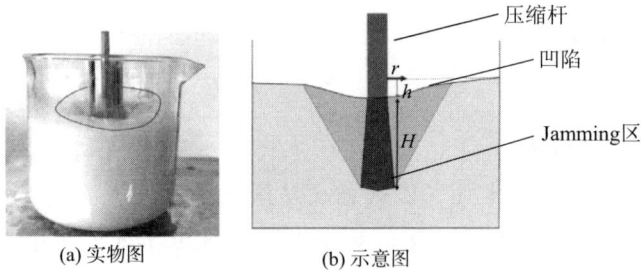

(a) 实物图　　　　　　(b) 示意图

图2.12　STF在准静态压缩过程中的变化

STF挤压过程的Jamming动态前延现象实际上是由于挤压速度变化使STF内的SiO$_2$颗粒剧烈运动引起的。根据润滑理论，球形颗粒间的流体状态由索末菲数S决定，

$$S=Pv\eta_f/N$$

式中：P为球形颗粒半径；v为颗粒间的运动速度；η_f为流体黏度；N为法向作用力。

当S值较大时，颗粒间表面没有接触，之间隔着液膜，因此体系为润滑接触；当S小于临界值时，体系失去稳定，液膜被破坏，颗粒之间接触，体系表现为摩擦接触状态，且颗粒间的接触力成为主要的承载力。此时颗粒间的直接作用力为黏结力和摩擦力，体系内出现Jamming现象[158]。图2.14为STF挤压过程中金属杆附近的SiO$_2$颗粒结构变化。如图2.14（a）所示，当高浓度颗粒悬浮液在较低挤压速度下，颗粒之间处于润滑状态，每个颗粒都被分散介质膜所隔开，颗粒之间无接触无摩擦，颗粒在各自的位置运动。随着挤压速度的增大，金属杆下方的SiO$_2$颗粒运动剧烈，STF分散体系失去稳定，颗粒间相互接触的概率增加，颗粒间相互接触产生的黏结力及摩擦力促使颗粒凝结，形成Jamming现象，如图2.14（b）所示。金属杆继续下移，杆下方颗粒间距减小，STF局部浓度提高，颗粒运动空间较小，在法向应力方向颗粒间继续凝结，形成

Jamming向前延伸现象，如图2.14（c）所示。

图 2.13　STF 挤压过程的液面凹陷变化

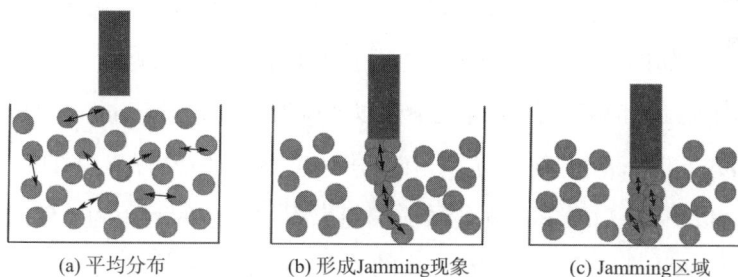

(a) 平均分布　　　　(b) 形成Jamming现象　　　　(c) Jamming区域

图 2.14　STF 挤压过程中金属杆附近的 SiO_2 颗粒结构变化

2.4.2　Jamming 动态前延模型

高浓度悬浮液在较高的法向挤压速度下，也会出现增稠效应。如上所述，挤压过程中不锈钢金属杆挤压STF产生的挤压力是随时间变化而变化的，这些与初始设置的速度v_{rod}和液面高度H_{STF}参数有关。根据Jamming动态前延理论，高浓度悬浮液在法向压缩力学行为模式下的增稠机理可以分为三个时间段：第一阶段是$0 \sim t_{critical}$，此阶段STF未形成Jamming现象；第二阶段是$t_{critical} \sim t_{front}$，此阶段局部某些$SiO_2$颗粒间开始相互接触，是STF内形成Jamming现象阶段；第三阶段即t_{front}之后，已Jamming区域随着颗粒间的相互接触作用力以速度v_{front}向前延伸和传递形成固化块。图2.15为挤压过程中STF内Jamming动态前延模型示意图，图2.15（a）显示了随着时间的变化，STF内颗粒结构的阶段性变化。由上节试验结果分析可知，尽管初始速度不同，但是t_{front}之后的曲线斜率相似。Waitukaitis研究表明，随着杆的下移，已Jamming区域通过颗粒间相互作用力向前传递，传播速度v_{front}和颗粒的内能有关，且与金属杆速度v_{rod}呈线性关系，即：

$$v_{front}=v_{rod}d/\varepsilon \qquad (2-6)$$

式中：d为SiO$_2$颗粒半径（cm）；ε为颗粒间距（cm）。

把d/ε设为常数k。因此，压缩杆在STF分散体系内的位置和STF固化块在STF分散体系内的位置关系如下：

$$h_{front}=kh_{rod} \qquad (2-7)$$

对于金属杆下方已Jamming区域，假设颗粒是原地运动直到前面的固化Jamming到达，则可以用简单的垂直方向一维尺度模型来解释颗粒之间的位置关系，如图2.15（c）所示。首先以初始液面为基础线，已Jamming区域动态向前延伸时发生的位置关系都以基础线为准，设Jamming成形时杆的位置为H_{rod}，即$t=t_{front}$，$h_{rod}=H_{rod}$。在挤压速度下杆的位置h_{rod}，STF固化最大位置为$|H|$，STF已Jamming固化最前端与未固化颗粒的间距为$|\Delta H|$。结合已Jamming区域传播速度和压缩杆速度的关系，得到如下位置关系式：

$$|H|=H_{rod}(k+1) \qquad (2-8)$$

$$|\Delta H|=\begin{cases} h_{rod}-\dfrac{|H|}{k+1}, & H<h_{rod}(K+1) \\ 0, & H \geqslant h_{rod}(K+1) \end{cases} \qquad (2-9)$$

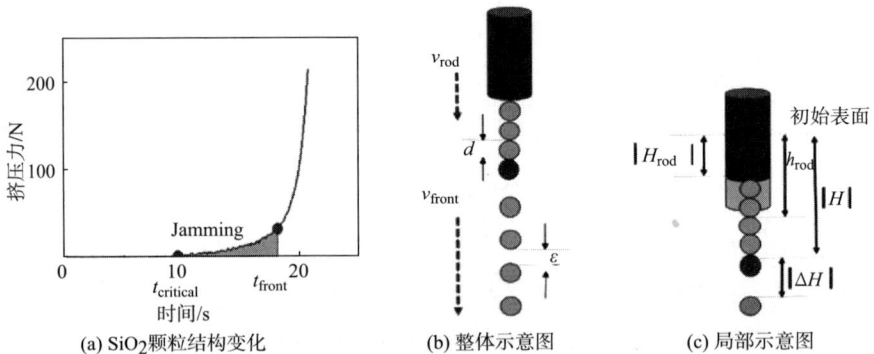

(a) SiO$_2$颗粒结构变化　　　(b) 整体示意图　　　(c) 局部示意图

图 2.15　挤压过程中 STF 内 Jamming 动态前延模型示意图

STF的挤压响应包括颗粒间润滑体系的改变、杆的下方Jamming的形成、Jamming固化块的动态传递及杆下移带动周围液体的流动，如图2.15（b）所示。可分为两个区域：一是金属杆下方Jamming动态传递区，为主要区域；二是带动横向液面凹陷所产生的邻近区域。整个区域像以Jamming区域的端点为顶点，底部以横向液面凹陷区域为半径的类圆锥体。假设液面凹陷速度等于Jamming区域动态延伸速度，则：

$$r = K|H_{rod}| \tag{2-10}$$

因此，参与挤压响应的STF质量为：

$$m_s = \frac{1}{3}C\pi\rho\left(r_{rod}+k|H_{rod}|\right)^2 k|H_{rod}| \tag{2-11}$$

式中：C为调节因子。

根据力平衡原理，可得：

$$F = \left(\frac{dm_s}{dt}\right)v_{rod}+F_{ext} \tag{2-12}$$

式中：F_{ext}为来自杆的重力及浮力的合力（N）。

利用凝聚态物理中的Jamming现象，Jamming固化块动态前延理论能够合理解释STF在法向力学行为下的增稠机理。整个挤压过程形成一个类圆锥体的变形区域，这些都可以通过试验中力传感器显示的力值变化来验证。STF法向力学行为下的增稠机理研究还处于初级阶段，受限于实验设备及条件，Jamming传递速度及类圆锥体的变形区域不能进行定量化研究。

2.5　本章小结

通过流变测试表征STF剪切模式下的增稠特性。通过STF的力学试验——挤压和抽拔试验，阐述了STF在法向受力下的流动形变特征及增稠机理，为STF在柔性防护领域的研究提供了新的理论指导，主要工作如下。

（1）STF挤压和抽拔的试验设计。

（2）试验参数对STF挤压和抽拔模式下力学性能的影响。试验证明，随着挤压速度的增加，STF的增稠临界位移减小，挤压力剧烈增加。随着STF边界间距的减小，STF的增稠临界位移减小，挤压力增大。STF压缩模式下的力学性能是指杆与STF相互接触产生的力学行为，所以接触面积、接触面的粗糙度对STF的力学性能也有着一定的影响。STF的抽拔模式下力学性能研究是压缩过程的反向试验，挤压—抽拔是一个完整的循环过程。STF抽拔过程的增稠现象发生在第一阶段，初始抽拔速度下的初始抽拔力的大小定义为抽拔模量。以抽拔速度为例，STF没有产生增稠现象的抽拔力是恒定值，约为1.5N。随着抽拔速度的增加，STF的SiO_2颗粒间相互作用，颗粒凝结形成阻碍区域，STF产生增稠效应的最大抽拔力达到140N左右。产生增稠的STF抽拔力增加了将近150%。STF分散体系的抽拔过程，STF的增稠现象存在增稠的起始点即临界速度和最大增稠程度即最大抽拔力。

（3）利用凝聚态物理的Jamming现象，阐述了STF在挤压过程中Jamming动态前延的增稠机理，以此解释STF挤压模式下的力学性能。

第3章 UHMWPE 纱线的抗切割性能研究

3.1 引言

抗切割纤维织物是柔性防护材料的一部分，近年来，已有很多学者对纤维织物的防弹防刺性能展开了大量的试验和理论研究，但关于纤维和纱线的抗切割测试和性能研究涉及较少，主要是因为目前还没有纤维和纱线的切割测试方法标准。目前使用最多的研究方法就是把纱线织成织物，采用防护服装抗切割测试标准专有仪器对织物进行抗切割性能分析，该方法比较间接，纤维或纱线的抗切割性能会受织物结构等因素的影响。纤维纱线其他力学性能研究方法及其他领域材料抗切割性能研究，对纱线抗切割性能的测试和研究也具有指导和借鉴作用。例如，Kawabata等开发了一种纤维横向压缩性能试验装置，测试了高性能纤维的横向压缩性能，并与纤维轴向拉伸性能进行比较[159]。Carthy 等研究了刀具的锋利程度对软质固体材料切割性能的影响，提出软质固体材料切断前所产生的最大刀具压痕深度是刀具锋利程度的函数，可以用来表征刀具的锋利程度[160]。

高性能纤维纱线是防切割织物的基础原料，研究纱线的抗切割性能对开发抗切割产品具有指导意义。因此，本章在前人研究的基础上设计了一种纱线抗切割测试方法，对UHMWPE纱线进行切割试验，并结合试验结果分析纱线抗切割性能的影响因素和纤维纱线的切割断裂失效模式。

3.2　UHMWPE 纱线抗切割性能的试验研究

在纱线的抗切割试验中，很多切割参数对切割过程有着重要的影响，如图3.1所示。对于UHMWPE纱线材料而言，纤维材料、切割刀具及切割条件都能影响成型纱线的抗切割性能。纤维材料的材质、成纱结构及混合比例都影响着UHMWPE纱线的抗切割性能，切割工具即切割所使用的刀具，包括刀具的材质及锋利程度。刀刃锋利程度直接影响着纱线的切割响应及断裂模式。在刀具切割纱线的过程中，刀具与纱线两者间有相互作用力，所以材质不同，两者接触界面不同。另外，切割试验中刀具与材料的相对角度、切割速度及切割试样的边界条件等也对纱线的抗切割性能有很大的影响。本章将从纤维材料、切割刀具、切割条件几个方面对UHMWPE纱线进行切割试验设计。

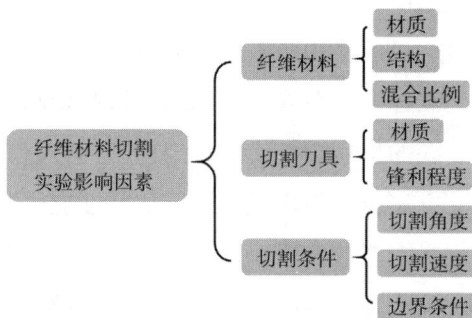

图 3.1　UHMWPE 纱线切割断裂的影响因素

3.2.1　试验设计

3.2.1.1　试验材料

试验选用三种不同结构的UHMWPE纱线：①UHMWPE长丝，UHMWPE纤维弯曲刚度大，纤维集束性差，为了便于后面上机编织针织织物，对本试验中的UHMWPE长丝施加弱捻，捻度为100捻/10cm；

②UHMWPE短纤纱，厂供UHMWPE棉型短纤纱，纤维长度为41mm，线密度为1.34dtex，采用仿棉工艺纺制成纱；③UHMWPE混合包芯纱，包芯纱为皮芯结构，皮纱为玻璃纤维和涤纶低弹丝的并捻纱，捻度为56捻/10cm，捻向为Z捻，玻璃纤维和涤纶低弹丝质量百分比分别为10%和5%；UHMWPE长丝为芯纱，芯纱质量百分比为85%。芯纱和皮纱包缠捻度为30捻/10cm，捻向为S捻。

　　利用高倍数扫描电子显微镜观察三种不同结构纱线的外观形态，如图3.2所示。短纤纱毛羽较多，条干均匀且相互并缠；长丝纱光滑顺直；混合包芯纱显示出不同材质的纤维相互缠结。纱线结构参数及拉伸力学性能见表3.1，很明显，尽管三类纱线的主要原料是UHMWPE纤维，纱线的结构不同，其力学性能差异很大。UHMWPE棉型短纤纱的断裂强度很低，但断裂伸长很高，纱线的柔韧性增强；UHMWPE长丝纱的拉伸强度和模量最高，但是断裂伸长较小；而UHMWPE混合包缠纱的拉伸模量大大降低，拉伸断裂伸长提高，拉伸强度改变不大。

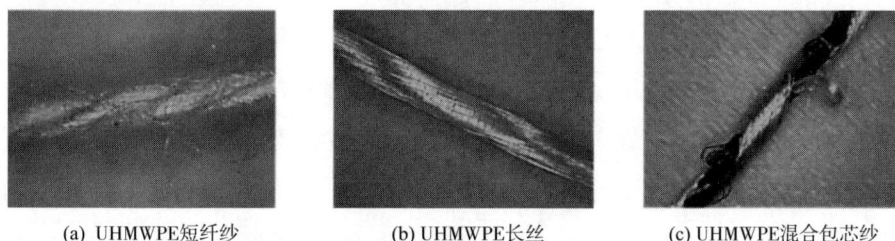

(a) UHMWPE短纤纱　　　　　(b) UHMWPE长丝　　　　　(c) UHMWPE混合包芯纱

图 3.2　三种类型 UHMWPE 纱线的外观形貌

表 3.1　三种类型 UHMWPE 纱线的结构参数及拉伸力学性能

类型	化学组成	线密度 / tex(旦)	断裂强度 / MPa	断裂伸长率 /%	拉伸模量 / MPa
短纤纱	UHMWPE	44.4（400）	145.02	6.15	420.04
长丝纱	UHMWPE	44.4（400）	268.53	3.58	1137.81
包芯纱	UHMWPE (85%，质量分数) 玻璃纤维 (10%，质量分数) 涤纶低弹丝 (5%，质量分数)	111.1（1000）	213.25	4.90	290.62

纱线切割试验的试样总长度为300mm，为了防止切割过程中纱线在夹头处出现滑移现象，试样两端各留出50mm涂上树脂和加强片，所以试样的有效长度为200mm。图3.3为纱线试样的实物图和示意图。

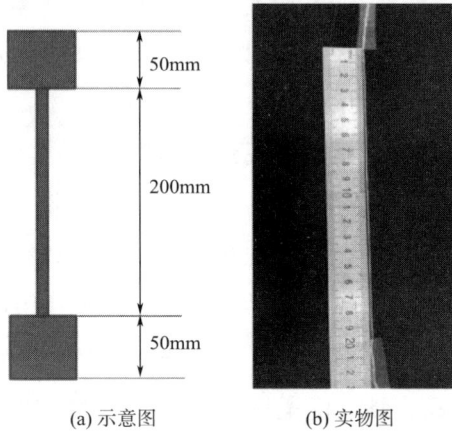

(a) 示意图　　　　(b) 实物图

图 3.3　纱线试样

3.2.1.2　试验设备

目前还没有纤维和纱线的切割测试的专业设备，本试验通过简单改造的INSTRON万能力学试验仪和自行设计的附件共同完成，如图3.4所示。自行设计的附件是一个U型板和专用底座装置，它取代INSTRON试验仪下夹头装置放置在机架工作台上。U型附件的两侧有孔，专门定制的刀具用螺钉固定在U型板上，刀具的放置角度可以通过U型装置两侧的孔来调节。测试时，纱线试样环绕刀具，两端加强片对齐放在INSTRON试验仪上夹头固定，纱线试样的预张力控制在纱线拉伸强力10%左右，如图3.4（c）所示。图3.4（d）是定制的切割刀片，45HRC钨钢材质，150mm×45mm长方形，厚度为（1.0±0.5）mm，两边有U型孔。

3.2.1.3　试验方法

首先，将纱线试样环绕刀具，试样两端的加强片对齐固定在仪器的上夹头。其次，调节试样在刀具上的位置和预张力，设置试验模式和条件，开动机器，试样卡在刀片上以一定的速度上移，试样与刀具接触，施力直

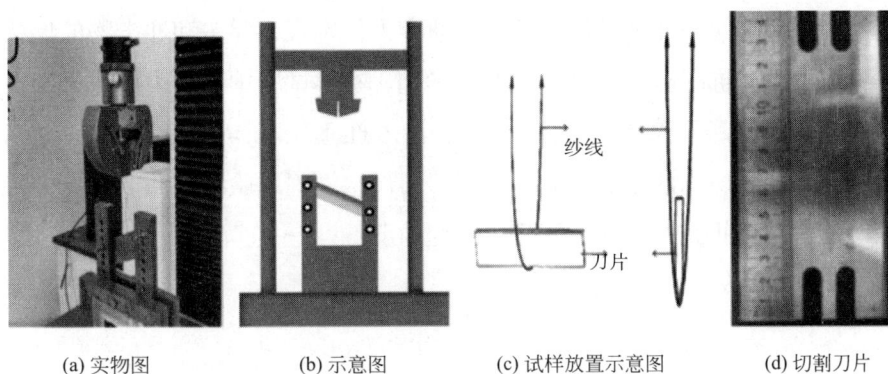

(a) 实物图　　　　　(b) 示意图　　　　(c) 试样放置示意图　　　　(d) 切割刀片

图 3.4　纱线切割试验装置

到完全割断，试验结束，得到位移—负荷曲线。每个试样进行5次重复实验，为了得到精确的数据，每次试验都要更换刀片以保证每次试验试样和刀具作用点的锋利程度相同。在测试中，以下一些因素会影响到试验结果的准确性和有效性：①试样的两端要重叠放置不能分开，以确保纱线两边的分力相同；②在上夹头试样两端作标记，在试验过程中观察夹头端试样是否滑移；③刀片的厚度，若刀片过厚，在刀刃处纱线试样则呈一定的角度，试样两端分力则需考虑到角度因素。

3.2.1.4　试验参数

除了试样材料不同之外，切割速度、切割角度、刀刃形状等试验参数也是试样切割性能的重要的影响因素，表3.2列出了一些主要切割参数及其参数变化值。现有的研究结论指出，拉伸速度对有机高性能纤维、纱线的拉伸断裂强力有较显著的影响，在一定的速度范围内，纤维、纱线的拉伸断裂强度会随着速度的增加而增加，纤维、纱线随着速度变化的力学响应已得到越来越多研究人员的关注。所以本试验设置了较广的切割速度范围，研究切割速度对UHMWPE纱线的切割响应。除了最小速度20mm/min和最大速度500mm/min，其他速度范围设置为从50～300mm/min、以50mm/min的间隔递增。切割角度即切割过程中纱线和刀片的位置关系，本试验的切割角度通过调节刀片的倾斜度来实现，切割角度设置为45°、60°、68°、75°及90°，其中切割角度为90°时，纱线和刀片处于正交垂直位置关系，其他角度都是倾斜关系。研究人员发现，弹头和冲击物的形状对织物防弹和抗冲击性能有很重要的影响，在本试验中，刀刃形状分别设置为楔形、锥形及弧形，如图3.5所示。并通过刀刃形状定量化来研究刀刃形状对纱线切割性能的影响及不同刀刃形状切割试验纱线的切割响应特征。三种刀刃截面形状的特征曲线方程如下：

（1）楔形。

$$y=f(x)=\begin{cases}\tan81°\,(x-0.1), & 0.1<x\leq0.5\\0, & -0.1\leq x\leq0.1\\-\tan81°\,(x+0.1), & -0.5\leq x<-0.1\end{cases}\qquad(3-1)$$

（2）锥形。

$$y=f(x)=x\tan12.5°,\quad -0.5\leq x\leq0.5\qquad(3-2)$$

（3）弧形。

$$y=f(x)=10x^2,\quad -0.5\leq x\leq0.5\qquad(3-3)$$

表 3.2　纱线的切割参数及变化值

切割参数	变量值							
切割速度 /（mm/min）	20	50	100	150	200	250	300	500
角度 /（°）	45	60		68	75		90	
刀刃形状	楔形			锥形		弧形		

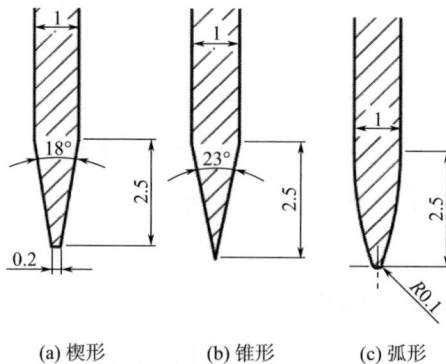

(a) 楔形　　(b) 锥形　　(c) 弧形

图 3.5　切割刀片刀刃形状剖面图

3.2.2　切割特征曲线分析

图3.6为UHMWPE纱线两个典型的位移—负荷切割曲线，本试验各试样测得的位移—负荷切割曲线呈相似性变化趋势，但又存在不同之处，这些差异有助于我们分析和研究各试验参数对纱线抗切割性能的影响。本小节从以下几个方面分析UHMWPE纱线的切割特征曲线。

3.2.2.1　切割曲线图整体特点

由图3.6可知，切割曲线呈现先上升后下降的特点，结合试验观察，纱线的切割过程可分为4个主要阶段，为了定性分析纱线切割特性，在图中对切割过程的一些特征点进行了标注。第一阶段表现为纱线和刀具初接触，即切割曲线上0 ~ a段，这一阶段时间较短，表现为刀具对纱线横向压缩弹性形变，曲线较平滑。第二阶段为第一批纤维被割断，在图中表现为曲线的第一次明显的起伏，即b点，b点处切割力的大小取决于首批被割断的纤维数所占的比例。第三阶段纱线内的纤维逐步被割断直到纱线切割断裂失效，即切割曲线上b ~ c段，因为是切割纱线，纱线中纤维的集束性对纱线的切割断裂过程有很大的影响。当纤维间抱合力好，纤维排列整齐，纤维同时断裂的概率提高，则c点切割力值增大，切割曲线平滑。否则，纤维逐个断裂，c点切割力值较小，切割曲线呈锯齿状。在切割纱线时，曲线到达最高处，即c点，并不意味着纱线完全割断，而是纱线中同时被割断单纤维数最多的时候，此时仍有少量纤维未被割断。第四阶段为切割曲线上c ~ d段，剩余纤维逐个被割断，由于剩余纤维较少，很容易被割断，因此右半边曲线相对较平直。比较图3.6（a）和图3.6（b），图3.6（b）切割曲线的锯齿形更加明显，放大了纱线切割过程中纤维被分批切割现象。由于是分批切割，切割过程中切割负荷包括两部分：一是某批纤维的切割力；二是未被切断纤维的拉伸力。图3.7为纱线切割过程中纤维分批割断的高倍显微镜下实物图和SEM图。

3.2.2.2　最大切割力

最大切割力是衡量纱线抗切割性能最直观的数据，它也表征了纱线内纤维束的集体力量。由于纱线粗细不同影响到纱线的抗切割性能，不同纱

(a)

(b)

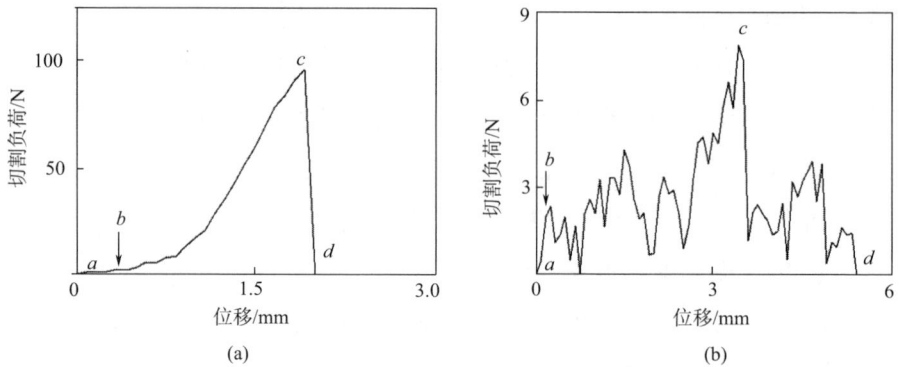

图 3.6　两种典型的切割特征曲线

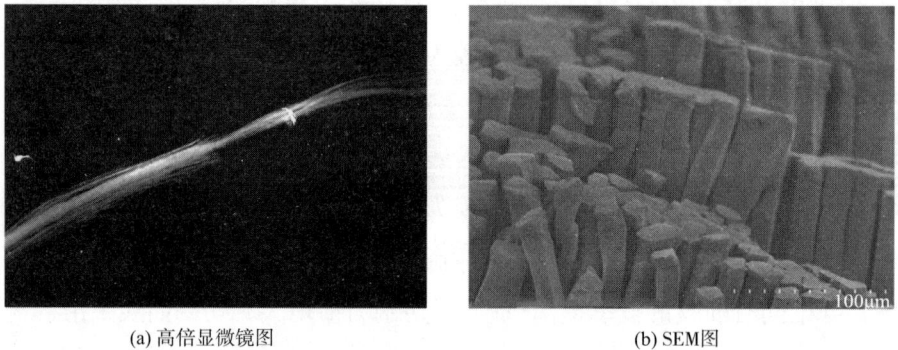

(a) 高倍显微镜图

(b) SEM图

图 3.7　纱线切割过程中纤维分批割断

线之间无可比性，所以用比切割力来表征，比切割力即纱线试样单位线密度所能承受的最大切割力，单位N/旦。

3.2.2.3　切割断裂功

纱线切割过程从刀具和纱线的初接触到纱线被刀具完全切割断裂，外力对纱线所做的总功为切割断裂功，即纱线抵抗切割断裂所吸收的能量。从位移—载荷切割曲线上看，切割断裂功即为曲线下所包围的面积。纱线在切割过程中切割力达到最大值时纱线就已经失效，所以也可以用切割曲线中从刀具和纱线的初接触到纱线达到最大切割力曲线范围内的面积作为切割断裂功。由于切割断裂功与纱线的粗细有关，所以用断裂比功来表征，断裂比功即单位线密度的纱线切割断裂时外力所做的功。

3.2.2.4　切割模量

模量是研究材料抵抗外力变形能力，是区分材料刚柔性的重要指标之一。一般指应力—应变曲线初始端的斜率，纱线拉伸性能试验测试中，初始模量是评价纱线拉伸性能的重要指标，在沿纱线横向的切割试验中，由于高性能纤维抱合力差，纱线在切割过程中纤维被分批切割，所以有些纱线结构的初始变形较为不明显，这点不同于纱线拉伸试验。因此，切割模量不作为纱线抗切割性能的主要指标。

3.2.3　结果与讨论

3.2.3.1　纱线结构

研究人员对不同纤维及其纱线的抗切割性能进行分析，试图发现防割服装最合适的纤维材料，但是同种纤维材料不同结构纱线抗切割性能很少有人涉及。本节以UHMWPE纤维为主要原料，比较和讨论纱线结构对UHMWPE纱线抗切割性能的影响。

图3.8显示了不同结构UHMWPE纱线的抗切割性能（切割速度为50mm/min，切割角度为68°，刀刃形状为锥形），图3.8（a）为不同结构纱线的位移—载荷曲线，不同结构纱线的切割曲线都呈现先上升后下降的趋势。纱线结构不同，切割曲线的波动性不同。UHMWPE弱捻长丝纱由于加了捻，纤维间集束性改善，切割过程纤维间整体受力性增强，所以切割曲线较平滑，锯齿状较少。由于纤维间分批切割的可能性较小，切割力增大。UHMWPE、涤纶低弹丝、玻璃纤维三者混合包芯纱由于涤纶低弹丝的加入，纱线的柔韧性增加，切割断裂伸长增加。三种材料的力学性能差异较大，所以切割过程中三种纤维被分批切割，切割曲线呈现明显的锯齿状波动。UHMWPE短纤纱切割断裂伸长最长，纱线的柔韧性最好，抗切割变形能力最高。由于有机高性能纤维间摩擦系数小，UHMWPE短纤维间抱合力差，所以UHMWPE短纤纱纤维分批切割最严重。比较UHMWPE弱捻长丝纱和短纤纱的位移—载荷曲线，弱捻长丝纱的切割曲线呈现陡升陡降的趋势，而短纤纱的切割曲线则是逐渐缓慢上升和下降。

纱线的粗细对其切割性能有很大的影响，图3.8（b）是三类纱线的最大比切割力即最大抗切割力与纱线线密度的比值。由图3.8（b）可以看出，单位线密度下，UHMWPE弱捻长丝纱抗切割力最大，包芯纱的抗切割力较小。图3.8（c）是纱线的切割断裂比功即单位线密度下纱线切割过程所吸收的能量。由于UHMWPE短纤纱的柔韧性较好，切割断裂伸长大，切割断裂比功最大，而UHMWPE弱捻长丝纱切割断裂伸长很小，切割断裂比功最小。结合表3.1纱线的拉伸力学性能，可以得出以下结论：

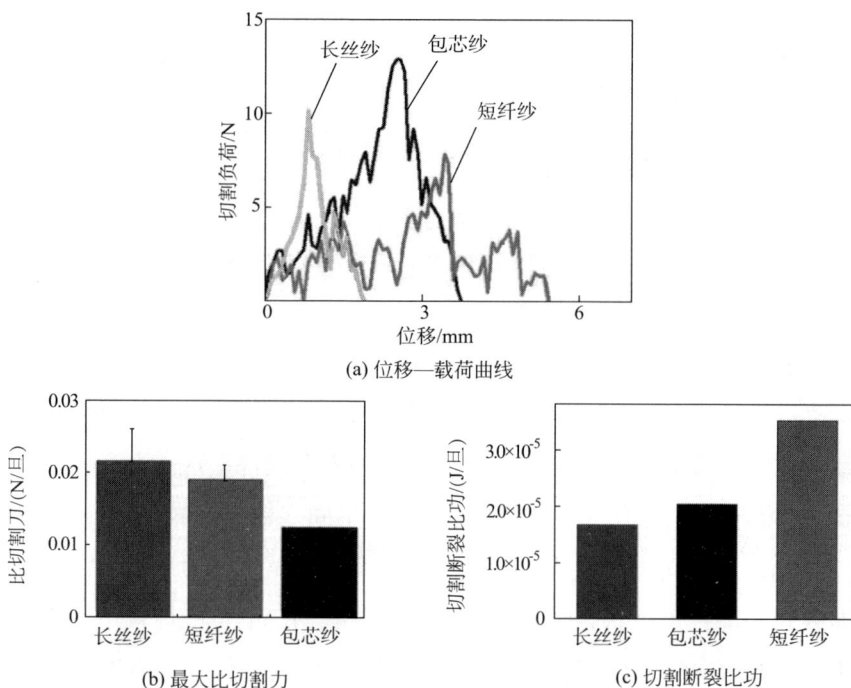

(a) 位移—载荷曲线

(b) 最大比切割力

(c) 切割断裂比功

图 3.8　不同结构 UHMWPE 纱线的抗切割性能

（1）弱捻长丝纱最大比切割力最大，但是切割断裂伸长最小，切割断裂比功也最小，纱线试样表现为刚而强；包芯纱切割断裂伸长居中，最大比切割力最小，切割断裂比功居中；而短纤纱切割断裂伸长最大，最大比切割力居中，切割断裂比功最大，试样表现为柔而韧。

（2）以上不同纱线抗切割性能，可以作为防割材料选择的理论指导。如果考虑抗切割性能最好，UHMWPE包芯纱可以作为首选材料，如果考虑切割服装的轻质且抗切割性能良好，UHMWPE弱捻长丝纱可以作为首选材料，如果考虑切割服装的舒适性和抗切割性能良好，UHMWPE短纤纱可以作为首选材料。

　　纱线内纤维间相互关系较复杂，受限于试验条件，纱线中纤维单丝分批剪切现象、每批切割纤维根数及纱线在切割外力下纤维响应模式都不能直观地获取，有待于进一步深入研究。

3.2.3.2　*切割角度*

　　人们在生活实践中发现，刀具切割物体时，倾斜切割比正交垂直刺割物体较容易。本试验的切割角度是指横向放置的刀具与纵向放置纱线之间的夹角，通过调节刀具放置的倾斜度来改变切割角度。刀刃边和纱线平行时视为0°，刀刃边和纱线垂直时为90°，试验的切割角度在0°～90°范围内变化。图3.9为UHMWPE纱线随着切割角度增加（由倾斜到垂直）的抗切割性能。由图可知，纱线被垂直刺割时切割力最大，表现出良好的抗切割性能，随着刀具的倾斜，切割角度变小，切割力逐渐减小。另外，当切割角度较小时，纱线的抗切割性能有较弱的角度依赖性。例如，对于UHMWPE弱捻长丝纱，切割角度由90°减小到75°，纱线切割力下降了125%，当切割角度为60°时，纱线的切割力已经很小了，只有5N左右。比较切割角度为45°和60°时，纱线切割力几乎没有太大变化。切割角度对UHMWPE短纤纱的影响与弱捻长丝纱具有相似性。由图3.9可以观察到，纱线受切割角度的影响具有临界效应，临界角度为60°，当切割角度小于60°时，纱线几乎不受切割角度的影响；当切割角度大于60°时，纱线受切割角度的影响慢慢变得明显；当切割角度增大到90°时，纱线抗切割力值最大。

　　图3.10为UHMWPE弱捻长丝纱线在倾斜和正交垂直刺割角度下的切割断裂过程示意图。由图3.10（a）可知，在倾斜切割角度下，切割过程中纱线会沿着刀具向上滑移，位移—载荷切割曲线锯齿状波动明显，出现阶段性峰值，纱线被分批切割，纱线抗切割性能降低。测试视频显示纱线沿刀具的滑移有以下3个特点。

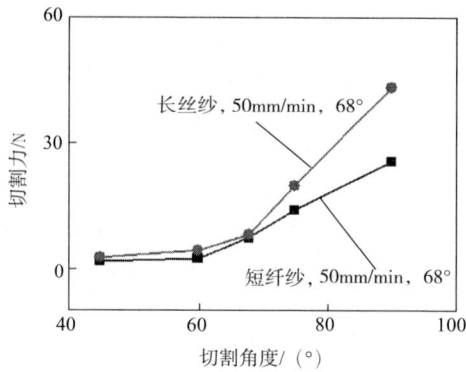

图 3.9　切割角度对纱线抗切割性能的影响

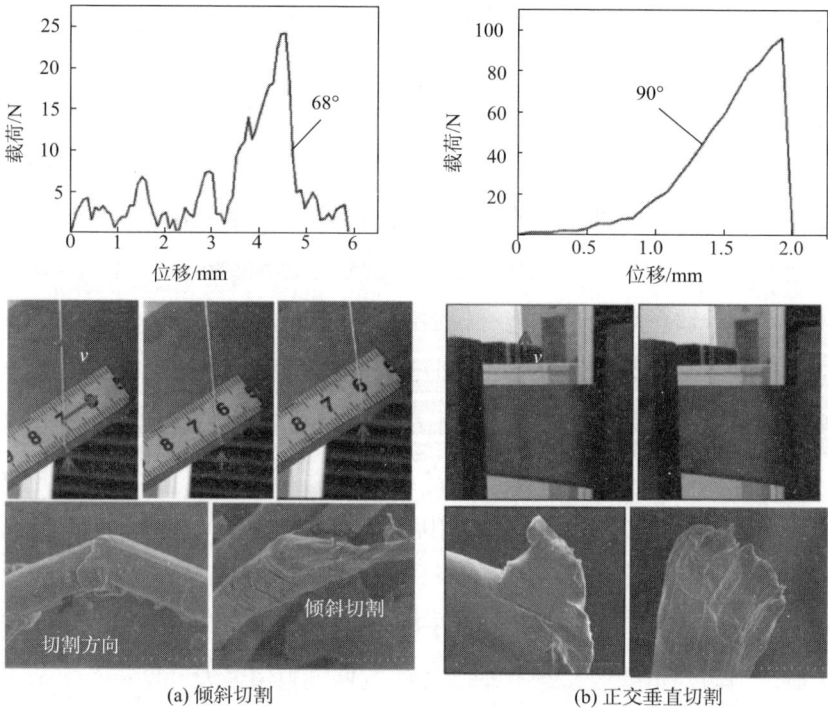

(a) 倾斜切割　　　　　　　　　(b) 正交垂直切割

图 3.10　UHMWPE 丝纱线的切割断裂过程

（1）纱线在切割过程中的滑移呈间断式，根据摩擦自锁原理，在切割过程中切割力 F 和切割角度 α 满足下式的条件时，纱线处于平衡状态，即纱线停止滑移。随着纱线的上移，切割力上升，纱线平衡状态被打破，纱线又开始沿着刀具滑移。纱线的滑移受切割力和切割角度的影响。

$$0 \ll F \ll P\frac{\tan\alpha-\mu}{1-\mu\tan\alpha} \tag{3-4}$$

式中：P 为纱线重力（N）；μ 为静摩擦因子[161]。

（2）当刀具倾斜度较大，即切割角度减小到某个值时，由于纱线沿刀具方向的分力过大而使纱线一直滑移，不能被切割，因此切割角度对纱线切割作用的影响具有临界角度效应。

（3）切割角度倾斜度不同，滑移距离也不同，见表3.3。切割角度减小，滑移距离增大，比较UHMWPE弱捻长丝纱和短纤纱，短纤纱的滑移距离较大。滑移距离受切割角度、材料间的摩擦系数及纱线抗切割性能的影响。纱线切割断裂后，纤维断头的SEM图表明倾斜切割纱线时纱线的断面呈椭圆形。

表 3.3　不同切割角度下纱线的滑移距离

切割角度 / (°)	滑移距离 /mm	
	长丝纱	短纤纱
90	0	0
75	1	5
68	2	5
60	4	25
45	10	—

而正交垂直刺割时，纱线的位移—载荷切割曲线较光滑，未出现明显的锯齿状波动，纱线的抗切割性能增强。纱线的切割断裂发生在刀刃下的同一个位置，不会产生滑移。纱线切割断裂后纤维断头横斜面为类似圆形，如图3.10（b）所示。比较倾斜和正交垂直刺割角度的纱线切割试验，纱线的切割断裂存在如下差异：①正交垂直刺割时纱线切割力较大，这是由于纱线在切割过程中在刀刃下不滑移，纤维间集束性好，抗切割性能增强；②切割角度不同，切割过程中纱线和刀具的接触形式不同，这就验证了刀具倾斜角的改变即对纱线沿横截面切割角度的改变；③倾斜切割

过程纱线沿刀具间断式滑移，而垂直刺割纱线不滑移；④倾斜切割断裂伸长较长，由于纱线在切割过程中沿刀具间断式滑移，加剧了纱线内纤维分批切割，且纱线切割断裂失效减弱，纱线内纤维拉伸断裂失效被增强；⑤纱线的切割断裂伸长的计算方法不同，如图3.11所示。

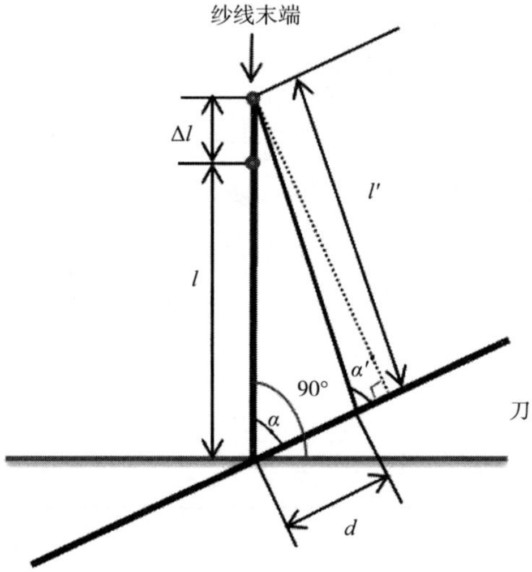

图 3.11　纱线切割断裂伸长示意图

当为正交垂直刺割时，纱线的切割断裂伸长 Δl 即纱线上夹头的位移；当为倾斜切割时，纱线的切割断裂伸长 Δl 为：

$$\Delta l = l' - l = \sqrt{(l + \Delta l)^2 + d^2 - 2d(l + \Delta l)\cos\alpha} - l \qquad (3-5)$$

式中：d 为纱线沿刀具的滑移（cm）；l' 为纱线伸长后的实际长度（cm）；α 为切割角度（°）。

3.2.3.3　刀刃形状

刀具的锋利程度对纱线的抗切割性能有很大的影响，刀具越锋利越容易切割物体。另外，刀具的锋利程度将影响纱线的断裂模式。利用INSTRON万能力学试验仪对纱线进行切割试验，纱线在切割过程中，纱线内的纤维断裂模式主要有切割断裂和拉伸断裂两种。Persson通过刀刃的角度或半径来区别刀具的锋利程度，并将其分为四类：尖细、尖锐、钝和粗钝。

McCarthy等定义了刀具锋利指数（BSI），BSI与刀具切割软质固体时起初接触的最大压痕深度有关，并通过用不同锋利程度的刀具切割物体试验，建立理论模型。研究指出，BSI在0～1范围内变化，当BSI为0时，刀具表现为无限锋利；BSI值越大，刀具越钝。Shin等研究了2μm和20μm刀尖端半径的刀具对纱线抗切割性能的影响，使用三种不同刀刃形状的刀具即锥形、弧形及楔形，对UHMWPE纱线进行切割测试。按照Persson理论，这三种刀具分别为锋利、较钝及钝器。为了定量化研究刀刃锋利程度对纱线抗切割性能的影响，建立了刀刃形状的截面曲线方程。

图3.12显示了三种刀刃形状的纱线抗切割性能。由图3.12（a）可以看出，越钝的刀具，纱线的最大切割力越大，比较锥形和楔形刀具切割纱线的最大切割力，钝器的切割力超过了近200%；越钝的刀具，纱线达到最大切割负荷的时间也越久；越钝的刀具，纱线切割断裂伸长越长；越钝的刀具，切割曲线锯齿状越明显。由图3.12（b）可知，不同结构的纱线在不同刀刃形状的切割试验里具有相似的切割性能。表3.4列出了三种刀刃形状的刀具斜向切割纱线时纱线沿刀具滑移的距离。不管哪种纱线，越钝的刀具斜向切割纱线时，滑移的距离越长。由试验可知，锋利的刀具切割纱线时，纱线的断裂失效以横向的切割断裂为主；而钝器切割纱线时，纱线的断裂失效以沿纱线轴向的拉伸断裂为主。另外，刀刃截面形状不同，在切割过程中纱线与刀具间接触面积及接触形式也不同，这些都直接影响着纱线的切割性能。

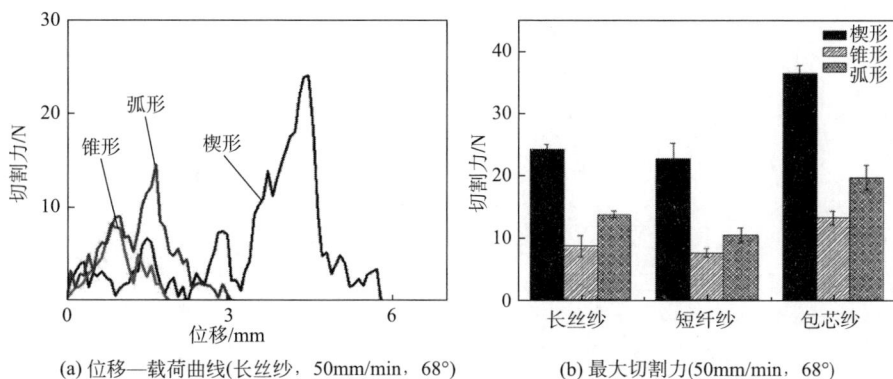

(a) 位移—载荷曲线(长丝纱，50mm/min，68°)　　(b) 最大切割力(50mm/min，68°)

图 3.12　刀刃形状对纱线抗切割性能的影响

表 3.4　三种不同刀刃形状下纱线斜向切割的滑移距离

刀刃形状	长丝纱	短纤纱	包芯纱
楔形	27	27	30
弧形	5	20	2
锥形	2	5	0

3.2.3.4　切割速度

随着纺织产品特别是纺织复合材料在工程领域的应用，纺织品在不同速率负荷下的性能研究特别是力学响应越来越受到学者们的关注。研究人员对高性能纤维束的高速冲击试验表明，切割速度是纤维束力学性能测试时一个很重要的因素。因此本小节研究切割速度因素对纱线抗切割性能的影响。图3.13为纱线在不同切割速度下的最大切割力。由图可知，纱线随着切割速度的增加，抗切割力呈现先上升后下降的趋势；在150mm/min的切割速度下，纱线抗切割力达到最大值，并且在此速度下，纱线的切割力学响应最敏感，即增速和降速显著。这主要有两方面的原因，一是与纤维本身切割断裂力学响应有关，由于试验设备的局限，纤维切割断裂力学的研究目前未见报道；二是与纱线结构有关，当切割速度改变时，纱线内纤维间滑移或扭转等运动方式受到影响。

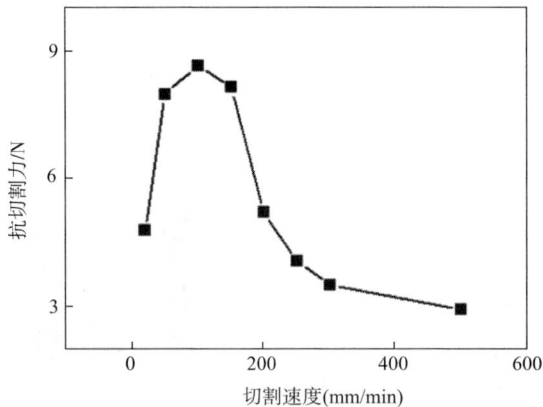

图 3.13　切割速度对纱线抗切割性能的影响

3.3　UHMWPE 纱线切割性能的理论分析

UHMWPE纱线的切割试验研究证实，刀具对纱线的破坏形式主要有刀具对纱线沿横截面的切割断裂和纱线沿轴向的拉伸断裂。由于纱线的切割试验是在纱线拉伸力学试验仪上改造的，切割过程中纱线沿轴向的伸长而产生对纱线的拉伸破坏，如果刀具足够锋利，UHMWPE纱线切割过程则以沿横截面的切割断裂为主。试验表明，在切割过程中纤维被分批切割断裂，纱线内的纤维是独立的个体，在切割过程中会产生滑移及扭转等变形，给纱线的切割断裂机理的理论研究带来很多不稳定因素。为了弄明白纱线切割断裂的本质物理现象，简化理论分析过程，提出一些假设：①假设纱线是一个自然平直的单丝，其形状为圆柱体，纱线粗细用截面半径d表示；②假设纱线是均质的，各向异性的黏弹性聚合物纤维材料；③假设刀具在切割过程中锋利程度不变。

3.3.1　UHMWPE 纱线切割过程受力分析

图3.14为UHMWPE纱线两端固定后刀具横向切割纱线的受力分析，图3.14（a）为刀具的正交垂直刺割，图3.14（b）为刀具的斜向切割。由图可知，当刀具正交垂直刺割纱线时，刀具垂直作用于纱线上的外力主要被分成两部分：一是对纱线产生切割破坏的切割力，二是由于刀具切割纱线过程产生的摩擦力。刀具斜向切割纱线时，由于倾斜角的存在，外力分成垂直作用于纱线横截面的力和平行作用于纱线轴向的力。平行作用于纱线轴向的力使纱线在切割过程中沿刀具产生滑移，而垂直作用于纱线横截面的力使纱线被分解为切割所需要的切割力和切割过程的摩擦力。另外，除了切割力和切割过程的摩擦力，斜向切割纱线过程中，作用在纱线上的力还包括纱线沿刀具滑移的滑动摩擦力。

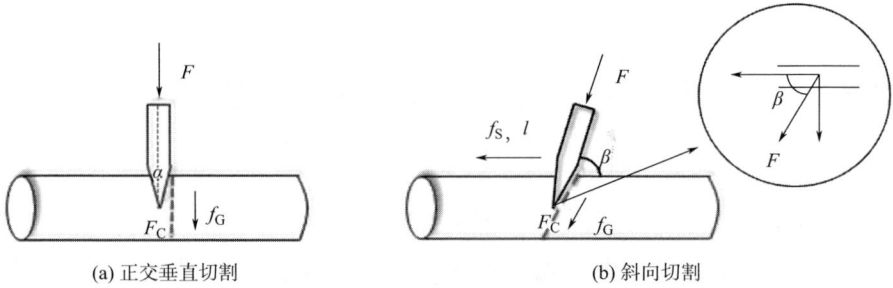

(a) 正交垂直切割　　　　　　　　　(b) 斜向切割

图 3.14　切割过程中纱线受力分析

在切割过程中，外力对纱线做功使纱线切割断裂和产生摩擦效应，因而切割力使纱线的内应力发生改变而使纱线产生不同形式的弹塑性形变。外力对物体的做功可分为有用功和无用功。在物理学中，把完成任务时有实用价值的功，称为有用功；而把无实用价值而又不得不做的功，称为额外功或无用功。刀具正交垂直切割纱线，纱线所受外力分为产生切割断裂的切割力和切割过程的摩擦力，其中切割力做功为有用功，而切割过程的摩擦力做功为无用功。斜向切割中，切割力做功为有用功，切割过程的摩擦力和滑动摩擦力做功都为无用功。根据能量守恒原理，在切割过程中外力对纱线做功等于纱线内应力做功和摩擦力做功。

3.3.1.1　*垂直刺割*

$$W_F = F_G \cdot d + F_C \cdot d \tag{3-6}$$

$$f_G = A \cdot S \tag{3-7}$$

$$F_C \cdot d = U_\varepsilon \tag{3-8}$$

式中：W_F 为作用于纱线的外力所做的功（J）；F_C 为外力分力切割力（N）；F_G 为外力分力切割过程的摩擦力（N）；d 为纱线半径（cm）；U_ε 为纱线应变能（J）；A 为接触面积（cm^2）；S 为黏结点比剪切强度（N/cm^2）。

3.3.1.2　*斜向切割*

$$W_F = f_G \cdot \left(\frac{d}{\cos\beta}\right) + f_S \cdot l + F_C \cdot \left(\frac{d}{\cos\beta}\right) \tag{3-9}$$

$$f_S = uF\cos\beta \tag{3-10}$$

式中：f_s 为滑动摩擦力（N）；l 为纱线沿刀具的滑移（cm）；β 为切割角度（°）。

Atkins 等通过软质食物切割试验解释为什么锋利的刀具划割比仅下压切割更容易分割食物，并以刀具和试验样品不同的运动方式为参数进行大量试验。试验表明，当刀具下压切割时，排除切割过程中的其他能量消耗，刀具外力做功达到物体切割断裂所需要的能量，物体切割断裂失效。当刀具划割物体时，刀具沿物体水平方向相对运动，滑动摩擦力对物体做功，分担了一部分能量，所以切割物体时，切割力相对较小，刀具切割物体较容易[162]。Vu 等指出物体的抗切割性能归因于纱线的内应力及两个接触物体之间的摩擦力，且切割过程中的摩擦力对物体切割性能有很大的影响[154]。

3.3.2　UHMWPE 纱线切割断裂过程

在切割过程中，刀具作用于纱线的外力主要分为切割力和摩擦力，其中切割力对纱线切割断裂起主要积极作用，切割力做功产生纱线内应力变化而使纱线形变，断裂失效。结合试验分析及材料力学理论，在切割过程中纱线的内应力变化由三部分组成（图3.15）：①刀具初接触纱线，纱线产生局部弯曲，纱线的内应力主要表现为沿横向的压缩和沿轴向的拉伸；②纱线切割裂纹产生及裂纹传递，纱线切割裂纹的产生和裂纹传递属于材料断裂力学行为；③纱线完全被分离，纱线的切割断头变形，横截面积变大，这与黏弹性聚合物的黏滞性有关。每一部分的有效性取决于刀具的锋利程度，当刀具足够锋利时，纱线切割裂纹产生有可能发生在纱线压缩和拉伸弹性变形的前面，纱线初始的弹性变形可忽略。

关于材料的切割断裂问题，许多学者采用能量分析法研究材料的断裂特性。根据纱线切割过程内应力的变化，纱线切割断裂过程能量 U_ε 分布主要表现为弹性变形能 U_{elastic}、切割断裂能 U_{break}、聚合物纤维材料黏流能 U_{viscous} 及切割过程的塑性变形能 U_{plastic}。因此 U_ε 可以表达为：

$$U_\varepsilon = U_{\text{elastic}} + U_{\text{break}} + U_{\text{viscous}} + U_{\text{plastic}} \tag{3-11}$$

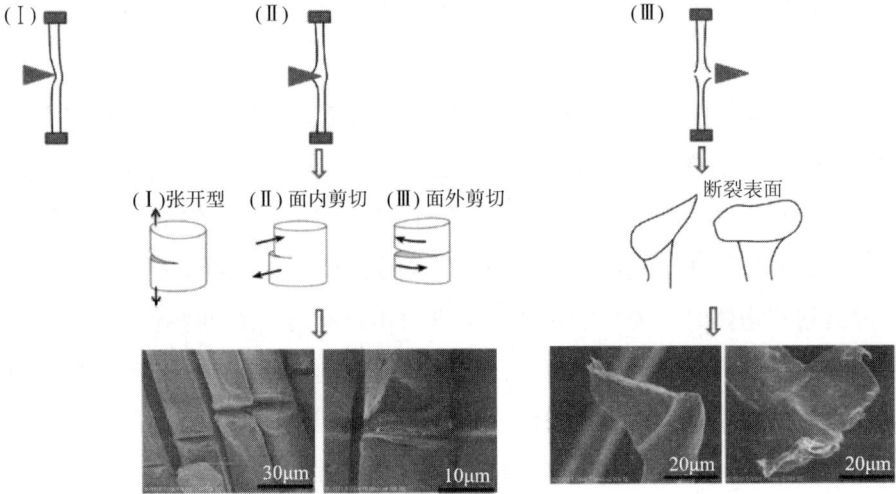

图 3.15　纱线切割断裂过程分析

弹性变形能$U_{elastic}$即纱线切割过程的初期，刀具对纱线局部弯曲产生的变形能。切割试验结果表明，如果刀具锋利，此阶段作用时间较短，纱线的压缩和拉伸变形主要是弹性变形；如果刀具较钝，纱线和刀具切割接触初期，背离刀具的纱线横截面也有可能产生塑性变形。纱线切割断裂及裂纹传播能U_{break}即随着刀具对纱线的侵入，纱线沿横截面产生裂纹并裂纹传播，此过程需要较大的能量，是纱线切割形成断裂失效的主要过程。有机高性能纤维是黏弹性材料，根据材料的流变理论，在切割过程中UHMWPE纱线有类似流体状形变而产生黏流能$U_{viscous}$。另外，每一个阶段都有可能产生塑性变形所消耗的塑性变形能$U_{plastic}$，在纱线切割中所消耗的塑性变形能很难测量，在理论建模时可被忽略，因此U_{ε}可写成：

$$U_{\varepsilon}=U_{elastic}+U_{break}+U_{viscous} \tag{3-12}$$

3.3.2.1　*弹性变形能*$U_{elastic}$

由于切割过程纱线两端被固定，刀具初接触纱线时，纱线横向会产生压缩变形及轴向拉伸变形，压缩变形表现为纱线上压痕，轴向拉伸变形表现为纱线的切割伸长。压缩和拉伸变形的弹塑性主要取决于刀具的锋利程度。聚合物纱线材料的横向压缩和轴向拉伸应力应变和组成材料的微观分子结构（分子间和分子内化学键）有关，由于有机高性能纤维在纺丝过程中沿纤维轴向高倍牵拉，导致纤维各向异性力学性能。材料的力学性能可以用一系列与应力应变有关的弹性常数C来描述。材料所受内应力及其导致的应变主要分为垂直于材料截面的应力σ、应变ε和面内的剪切应力τ、应变γ，如图3.16所示。按照虎克定律，如果材料的应力和应变呈正比，各向异性材料可用36个弹性常量来定义；而对于纺织纤维轴对称，且仅与横向异性的黏弹性材料而言，可以减少到用5个弹性常量来描述纤维的力学性能。材料的弹性常量可以用弹性模量来替代，弹性模量可以通过特定的试验条件和边界设定来测得。与材料弹性模量相对应的是柔性模量S即弹性模量的倒数，也常用于表征材料的力学性能。对于假定圆柱体仅仅横向异性的纤维及纱线，材料方位设置相对简单，截面半径设立为X轴，垂直于截面的方向为Y轴，且材料沿X轴和Y轴分别对称，因此针对纤维或纱线的横向力学性能表示为T，轴向力学性能表示为L，如图3.16（b）所示。

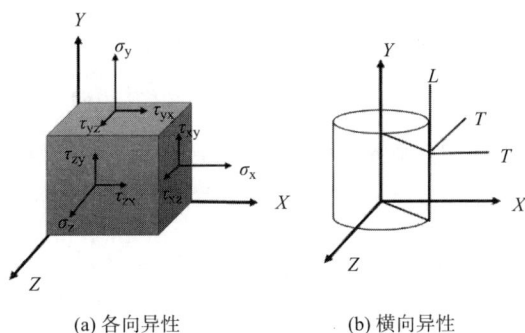

(a) 各向异性　　　　　　(b) 横向异性

图 3.16　固体材料的力学模型

纤维或纱线常用的弹性模量如下。

轴向杨氏模量：

$$Y_L = \frac{1}{S_{33}} \tag{3-13}$$

横向杨氏模量：

$$Y_T = \frac{1}{S_{11}} = \frac{Y_L}{2(1+\gamma)} \tag{3-14}$$

扭转剪切模量：

$$G_{TL} = G_{LT} = \frac{1}{S_{44}} \qquad (3-15)$$

面内剪切模量：

$$G_{TT} = \frac{1}{2(S_{11}-S_{12})} = \frac{1}{2(S_{11}+V_{TT}S_{11})} = \frac{Y_T}{2(1+V_{TT})} \qquad (3-16)$$

Y_L是纺织纤维中常用且被广泛研究的力学性能之一，可以通过纤维拉伸试验计算得出，也叫弹性模量E_L。也可以通过声波时速法即声波沿纤维轴向传递的速度测得，这个方法常用于纺织材料的抗冲击和防弹领域。G_{TL}可以通过一个简单的扭摆钟的测试设备测得，该方法被广泛研究，此研究工作可以追溯到1950年Meredith的研究工作。近年来，越来越多的学者研究高性能纤维扭转剪切模量G_{TL}。关于G_{TL}的测试设备已经过Kawabata、McCord和Ellison等的不断改进。因为纤维或纱线较细，其直径都是微米级的，目前较难通过试验方法表征其横向力学性能，Y_T值很难通过试验方法测得。Settle 和Anderson在1963年第一次尝试用细电线横压纤维单丝直到失效的方法测试Y_T。直到1990年Kawabata发明了一个高灵敏度设备，可直接测试Y_T。关于纤维面内剪切模量G_{TT}的研究还未见报道。

纱线和刀具切割初接触阶段，纱线的局部弯曲变形为弹性形变，符合虎克定律。因此，纱线的弹性变形能为：

$$U_{elastic} = C_1 (K_1 Y_L \times \varepsilon_L^2 + K_2 Y_T \times \varepsilon_T^2) \qquad (3-17)$$

式中：ε_L为纱线沿轴向伸长（cm）；ε_T为纱线沿横向的压痕深度（cm）；K_1和K_2分别为纱线沿轴向和横向的弹性形变率；考虑到纱线粗细对力学性能的影响，C_1为纱线的线密度（tex）。

3.3.2.2 *纱线切割断裂能U_{break}*

刀具接触纱线的弹性变形阶段，刀刃前端的纱线被挤压和拉伸，并没有对纱线起到切割作用，刀具做功转变为纱线的弹性变形能。随着刀具继续施加外力给纱线，刀刃处纱线所承受的应力也越来越大，当应力达到纱线破裂应力时，纱线产生裂纹。随后刀具继续侵入，裂纹传播直到纱线完全被割破。此过程外力做功全部转化为纱线断裂及裂纹传播所需的能量。

根据断裂力学理论，当物体发生脆性断裂时，可忽略断裂过程中材料塑性变形所消耗的能量，材料断裂所需要的外部做功全部转化为材料断裂产生新表面的表面能，因此纱线的切割断裂阻抗 J_C 被定义，即产生单位新表面积所需的能量。因此，物体的切割断裂能为：

$$U_{\text{break}} = J_C S \qquad (3\text{-}18)$$

纱线切割断裂新表面为纱线的横截面，假设纱线为圆柱体，则纱线断裂产生的新表面积为：

$$S = \pi d^2 \qquad (3\text{-}19)$$

材料的断裂阻抗 J_C 是材料阻止宏观裂纹失稳扩散能力的度量，也是材料抵抗脆性破坏的韧性参数。它是材料的固有特性，只与材料本身、热处理及加工工艺有关，是应力强度因子的临界值。

纺织纤维是轴向和横向异性的材料，材料在不同方向断裂时，其断裂韧性是不同的。Anderson提出的三种裂纹传播方式分别代表材料不同方向的断裂形式。①张开型，在纺织纤维领域主要表现为拉伸断裂模式，所以纱线的张开型裂纹传播断裂韧性可以通过纱线拉伸试验的应力—应变曲线求得；②滑开型，此断裂模式主要表现为切割和压缩断裂，针对纺织材料的切割、压缩断裂的研究较少，主要应用在机件加工和工程建设等领域；③扭转型，此断裂模式主要表现为扭转断裂模式，纺织织物的撕裂性能及纱线的扭转性能都属于这种断裂力学模式。

根据纱线切割试验结果分析及试验中纱线边界条件的设置，纱线的切割断裂模式属于张开型和滑开型的混合型。由于纺织纤维和纱线横向尺度较轴向尺度相比较小且材料具有良好的柔韧性，其横向力学性能研究起来较困难[163]。Atkins等通过刀具切割薄片材料试验，按照张开型断裂模式建立准静态能量平衡公式[164]。Mayo等提出纤维两端固定，刀具横向切割纤维，并在切割过程中假设纤维横截面不变，如果刀具过钝，纤维切割过程则因为纤维挠度变形过大而导致纤维拉伸断裂。与刀具锋利时切割模式下纱线应力相比，以纤维半径为尺度标准，应力有轻微变化（由 $D^{\frac{4}{3}}$ 变为D^{-1})[141]。因此，针对本节纱线切割断裂模式也可以类似于张开型断裂模式即纱线的拉伸断裂模式，建立其能量守恒方程。利用纱线拉伸断裂应力—应变曲线计算纱线张开型断裂模式下的断裂阻抗J_C：

$$J_C = \beta^{-n} J_L \qquad (3\text{-}20)$$

式中：J_L为纱线拉伸模式下的断裂韧性（MPa·M/2）；β^{-n}为断裂传播模式的影响因子。则U_{break}为：

$$U_{break} = \pi d^2 \beta^{-n} J_L \qquad (3\text{-}21)$$

3.3.2.3 黏流能$U_{viscous}$

聚合物在加工过程中通常是从固体变为液体（熔融和流动），再从液体变为固体（冷却和硬化），所以加工过程中聚合物于不同条件下会分别表现出固体和液体的性质，即表现出弹性和黏性。但是由于聚合物大分子的长链结构和大分子运动的渐近性，聚合物的形变和流动不可能是纯弹性或纯黏性的，兼有弹性固体和黏性流体的双重特性，称黏弹性。黏弹性材料具有时间效应，常常表现为材料的应力—应变不呈线性关系，应力既与应变有关，又与应变所有变化时间有关。有机高性能纤维作为黏弹性材料，其力学性能兼具弹性固体和黏性流体的变形特点。纤维在切割过程中应变表现为液态黏性流动现象，纤维切割断头的SEM图显示纤维横截面扩散，面积变大。

黏弹性材料的力学模型已经被建立，通过理想的力学元件组合模拟材料的本构关系。纺织材料的黏弹性力学模型组合包括服从虎克定律的虎克弹簧和服从牛顿黏滞定律的黏壶。基础模型有Maxwell模型，它是由一个虎克弹簧和一个牛顿黏壶串联而成的；还有Voigt或Kelvin模型，它是由一个虎克弹簧和一个牛顿黏壶并联而成的。随着模型组件和效应的改进，力学模型与实际纤维或纺织品的力学性能逐渐逼近。标准线性固体模型，它是由两个虎克弹簧和一个牛顿黏壶组成，被经常用来描述纤维高聚物材料的黏弹现象，且能较好地描述小变形条件下纤维或纺织品的黏弹力学行为。此模型有两种排列形式，分别为一个虎克弹簧和Kelvin模型串联而成，一个虎克弹簧和Maxwell模型并联而成，但它们是等效的，如图3.17所示[165]。

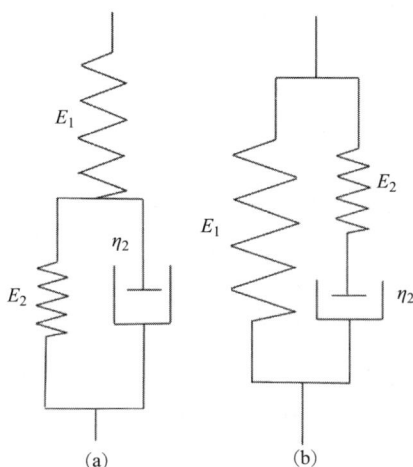

图 3.17　黏弹性材料的力学模型[165]

本节纱线的黏弹力学模型用的是Kelvin基础模型和虎克弹簧串联的标准线性固体模型，弹簧和牛顿黏壶组合模型很像电学中电阻的连接方式，即串联时，应力相等；并联时，应变相等。本构关系式为：

$$\frac{E_1\eta}{E_1+E_2}\dot{\varepsilon}+\frac{E_1E_2}{E_1+E_2}\varepsilon=\frac{\eta}{E_1+E_2}\dot{\sigma}+\sigma \qquad (3\text{-}22)$$

当应力$\sigma(t)$为常数时，模型的蠕变方程式为：

$$\varepsilon(t)=\frac{\sigma_c(t)}{E_1}+\frac{\sigma_c(t)}{E_2}(1-e^{-t/\tau_2}) \qquad (3\text{-}23)$$

$\tau_2=\eta/E_2$，为形变推迟时间。其中η为阻尼系数；ε为应变；σ为应力。

纱线切割初期弹性形变已经被分析，本节纱线切割过程的黏流形变做功只考虑Kelvin模型串联部分。根据材料的流变理论，纱线切割过程的黏流能为：

$$U_{viscous}=\varepsilon(t)\sigma_c(t)=K_3\frac{\sigma_c^2(t)}{E_2}(1-e^{-t/\tau_2}) \qquad (3\text{-}24)$$

式中：K_3为纱线黏流形变的形变率因子。

根据上述分析方法可知，在纱线切割过程中，纱线所受刀具外力可分为切割力和摩擦力，其中切割力对纱线切割断裂失效起到主要积极作用，切割力作用使纱线在切割过程中产生不同形式应变，包括压缩和拉伸的弹性形变、切应力纱线断裂及聚合物黏滞性在切割过程中的黏流形变。因此，利用材料不同力学模型模拟纱线切割断裂过程，用于解释纱线切割断裂物理现象。

3.3.3 UHMWPE 纱线切割破坏机理分析

UHMWPE纤维是高性能聚合物，其属性为黏弹性材料。由纱线两端固定，刀具横向切割纱线的试验研究可知，纱线切割破坏主要表现为横向切应力的切割断裂和轴向拉应力的拉伸断裂，其中横向切割断裂是纱线切割失效的主要模式。刀具的锋利程度、切割角度、切割速度及纱线预张力等切割条件对纱线切割力学响应模式有很大的影响。这些因素的影响主要体现在纱线和刀具接触形式及纱线面对刀具外力作用下的力学响应特点。

3.3.3.1 接触形式

刀具对纱线的横向切割过程即是刀具横截面和纱线横截面在切割过程中实际接触面积和接触形式不断变化的过程。当刀具初接触纱线时，由于没有产生切割，两者无接触面积，接触点处刀具横截面可以假设呈无限小，远远小于纱线横截面，所以刀具很容易进入纱线，切割力很小。随着刀片的侵入，两者的接触面逐渐增大，纱线横截面抵抗刀具侵入的纤维数越来越多，切割力增大。另外，纱线和刀具间的摩擦力也随着接触面积的增加而增加。Kothari等基于刀具和纱线实际接触体积和切割力呈正比关系建立了数学模型[148]：

$$F_C = K' \frac{V}{F_f} \tag{3-25}$$

$$V = A_H \times h \tag{3-26}$$

式中：F_C为切割力（N）；K'为常数，即材料横向力学性能因子；V为接触体积（cm^3）；F_f为切割过程的摩擦力（N）；A_H为水平接触面积

（cm^2）；h 为切割深度（cm）。

考虑到纱线为圆柱体，接触体积可修改为：

$$V=A_{\text{blade}} \times l \qquad\qquad （3-27）$$

式中：A_{blade} 为刀具嵌入纱线的横截面积；l 为切割长度，如图3.18所示。

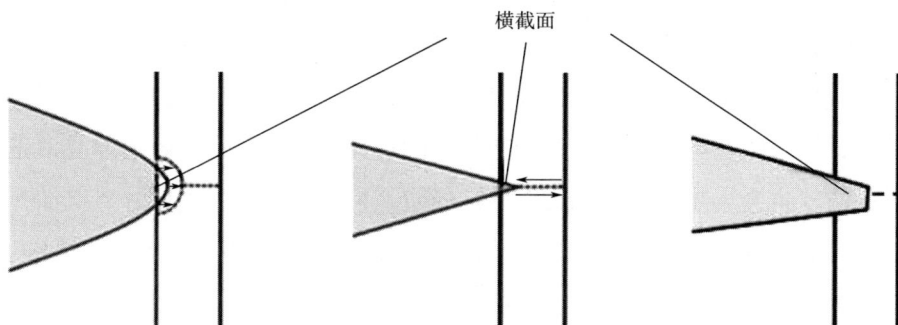

图 3.18　切割过程刀具嵌入纱线内的横截面示意图

另外，当刀具倾斜切割纱线时，刀具和纱线的接触面积产生楔形效应，接触面积较正向切割大，假设纱线横截面为圆形，斜向切割时纱线切割横截面为椭圆形。纱线和刀具的接触形式能够很好地解释刀刃形状和切割角度对纱线切割性能的影响。

3.3.3.2　力学响应模式

纱线在刀具外力作用下的力学响应模式主要是指纱线面对外力所作出的力学反应，响应具有时间效应，不同时间段有不同的力学反应特点。由上节的理论分析可知，在切割力作用下，纱线经历了压缩和拉伸、切割断裂及黏流态力学响应。切割条件不同，纱线的力学响应模式也相应改变。刀具非常锋利时，纱线切割力学响应则为切应力断裂模式，压缩、拉伸及黏流态形变均可忽略。刀具较钝时，刀具对纱线先产生横向压缩导致纱线局部劈裂。纱线有效横截面积减小，剩余较细纱线克制纱线断裂强力，当超过最大断裂强力时，剩余纱线被拉断，纱线主要以拉伸断裂模式为主。刀具倾斜切割纱线，纱线会沿刀具间断性地滑移，纱线断头的阶梯状可以说明纱线呈阶段性切割断裂失效；而刀具正交垂直刺割纱线，纱线则集中受力，纱线断头整齐。随着切割速度的增大，纱线的抗切割力呈先增后降的趋势，纱线是高聚物黏弹性材料，受速率的影响，当切割速度较小时，纤维分子运动速度较慢，切割过程中纤维力学响应的速度也较慢，切割力较小。随着切割速度的增加，纤维分子运动剧烈，力学响应速度快，纤维可以迅速集中受力，这与高浓度液体具有相似的力学性能。但是，当切割速度过大时，由于纤维失稳是一个快速过程，准静态测试系统的响应跟不上，切割力则慢慢下降，因此应该对纱线进行动态切割测试，深入调查高性能纱线的抗切割性能与速率的相关性。由于纱线预张力的改变也会影响纱线切割力学响应特点，Shin等提出纱线预张力增加，切割力和切割能量均减小。纱线的预张力施加表示纱线初始能量的增加。根据能量守恒定律，外力做功和纱线的初始能量共同提供纱线的切割断裂所需消耗的能量。所以初始能量越大，外力做功越小，纱线的切割力也越小。

图3.19为纱线内纤维切割断头截面的SEM图。很明显，无论是正交垂直切割还是斜向切割，纱线断头截面形貌表明纱线的断裂模式主要为切割断裂，切割条件不同，纱线的力学响应有所改变。正交垂直刺割时，纱线的力学响应主要为切割应力和黏滞性，纱线断头平滑且断头截面积扩大，呈蘑菇状，表现为韧性断裂。而斜向切割时，纱线的断头截面呈椭圆形，切割过程中纱线的力学响应模式没变，但是纱线与刀具的接触面积改变。当刀具较钝时，切割过程纱线力学响应除了黏滞性外，主要表现为纱线迎刀面的横向切割模式及背刀面的轴向拉伸模式，主要因为当刀具较钝时，背刀面的纱线由于挠度过大超过其拉伸断裂伸长而被拉断。

纱线的切割过程是一个复杂、动态的过程，不能仅仅从某个方面去分析解释，切割条件改变时，纱线的切割物理现象也相应变化。通过纱线抗切割性能的试验研究，结合纱线切割断裂的理论分析和纱线切割破坏机理分析，对纱线的切割断裂过程给出较为完整的理解，为指导防割纱线及防割服装设计和开发提供理论依据。

(a) 正交垂直切割

(b) 倾斜切割

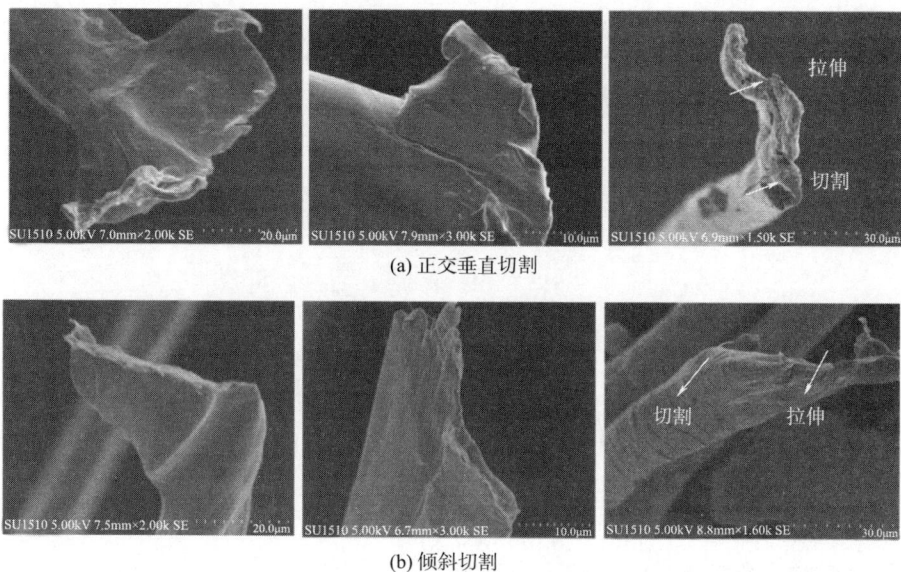

图 3.19　纱线内纤维切割断头截面的 SEM 图

3.4　本章小结

纱线的抗切割性能是纤维织物及STF/织物柔性复合材料抗切割性能的基础，本章通过自制附件和改造INSTRON万能力学试验仪对UHMWPE纱线进行切割试验研究。通过设置切割测试参数，分析切割参数对纱线抗切割性能的影响。考虑到纱线的切割断裂过程是一个复杂、动态的物理力学行为，首先假设简单的纱线物态及基本力学属性，再通过接触形式理论和力学响应模式理论分析纱线的切割破坏机理，对纱线切割断裂过程给出了较为完整的诠释，为指导防割纱线及防割服装设计和开发提供理论依据。

第4章 UHMWPE 纬编针织物的防刺割性能研究

4.1 引言

高性能纤维及纺织品加工设备及工艺的发展给人们寻求舒适柔韧且防护性能更好的轻便型个体机械防护服装提供了技术支持。作为服装产品的一类，人们对机械防护服装提出如下设计要求。

（1）防护性能好。根据防护类型及防护级别的不同，研究专家给出了不同的防护指标。目前，防弹性能要求最高，即防高速或超高速冲击破坏，可分为不同的防弹等级。防刺次之，属于防尖状物体低速冲击破坏，也分为不同的防刺等级。防割是近年来机械防护产品的研究热点，研究人员往往容易混淆防刺和防刀割。防刀割性能是防刺性能的基础，尖状刀具（如匕首）在穿刺过程中对人体和服装主要产生切割破坏。

（2）舒适性好。服装的舒适性主要表现为柔韧度好，灵活便于人体运动，透气透湿性好，穿起来不潮湿闷热。

（3）轻质。服装轻薄，不增加人体的额外负担。

根据不同的防护类型及等级，高性能纤维纺织产品及其柔性复合材料是近几年科研院所、生产厂家的研究目标，但主要集中在机织物及其柔性复合材料的研究上，而忽视了针织物的研究。对于针织物防刺割性能的研究有：美国Whizard Protective Wear公司利用专利No. 6266951中的抗菌防割纱线开发了防切割针织面料；英国PPSS公司注册的Cut-Tex®抗切割针织面料，不仅防割防刺性能良好，较市面上防割防刺产品更轻薄舒适；印度Thilagavathi等介绍了一种叠层复合防切割针织物及各种防切割针织手套等。针织物在个体机械防护领域应用的重要性越来越突显。姚晓林侧重研究了纬编针织物在刀具穿刺过程中线圈结构的变化，利用摩擦自锁原理，建立了纬编针织线圈被刀具扩张的几何模型。却忽略了刀具在穿刺过程中对织物的侧向切割，分析织物穿刺破坏后的试样时发现线圈已被割断。锋利刀具穿刺织物的主要破坏为侧向切割。目前，关于针织结构的抗切割性能理论研究较少。

　　本章以抗切割性能较好的UHMWPE弱捻长丝纱为原料，研究其纬编针织物的防刺割性能。根据ISO 13997：1999防护服装用材料防锋利物体切割性能的测试方法对UHMWPE纬编针织物进行水平切割试验，以及按照美国NIJ 0115.00标准中的P1刀具对UHMWPE纬编针织物进行垂直刺割实验。分析纬编针织物在不同切割方法下的织物变形及破坏形式，揭示纬编针织物的刺割断裂机理。

4.2　UHMWPE 纬编针织物的刺割试验

4.2.1　水平切割试验

4.2.1.1　*切割试样*

　　采用第三章中的UHMWPE弱捻长丝纱在12机号电脑横机（LXC-252S）上进行打样。针织物试样编织均在江苏金龙科技有限公司的协助下完成。试样包括两类针织结构：纬平针组织结构和满针罗纹组织结构。纬平针组织是针织结构的基础原组织，为单面针织物，其他复杂组织结构可利用原组织通过改变编织工艺来实现，因此纬平针组织结构是研究针织物性能的首选。罗纹组织即双面纬编针织物的基础组织，它是利用横机的前后针床织针以一定组合相间配置而形成。满针罗纹即前后针床的织针采用满针排针。两种针织物的实物图和编织图如图4.1所示。弯纱深度是横机编织的一个重要编织工艺参数，相同组织结构针织物的线圈长度和织物厚度可以通过弯纱深度的调节来控制，因此纬平针试样利用每隔5的弯纱深度值微调结构参数。所有试样的结构参数见表4.1。按照经向和45°斜向两个方向裁剪织物制备切割试样，试样尺寸为50mm×100mm。由图4.1可知，纬平针和满针罗纹织物都有沿织物经向的条纹效应，所以织物经向的切割试验不予考虑。

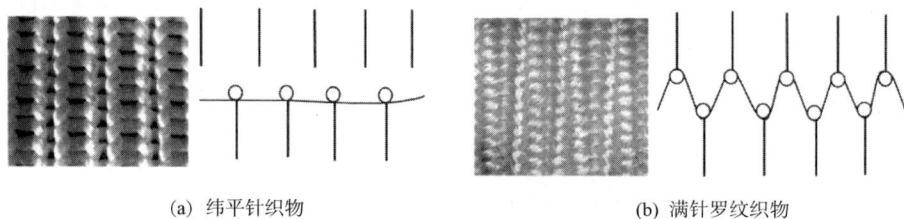

(a) 纬平针织物　　　　　　　　　(b) 满针罗纹织物

图 4.1　针织物的实物图和编织示意图

表 4.1　水平切割试样的结构参数

针织结构	弯纱深度	横密 /（纵行 / 5cm）	纵密 /（横列 / 5cm）	总密度 /［圈 / (5cm)^2］	厚度 / mm	平方米克重 / (g/m^2)	线圈长度 /mm
纬平针组织结构	80	25	81	2025	1.13	367	5
	85	26	71	1846	1.08	340	5.4
	90	25.5	65	1657.5	1.04	310	5.8
满针罗纹组织结构	—	—	—	—	1.63	750	—

4.2.1.2　切割装置

本试验切割装置采用国际标准ISO 13997规定的切割测试设备，即加拿大RGI公司生产的TMD-100（上海图新电子科技有限公司提供）。切割设备详细介绍见1.3.2.2节。

4.2.1.3　测试方法

（1）刀片以恒定的法向外载荷和速度水平滑移，速度设定为

（2.5±0.5）mm/s。

（2）针对每个设定的法向外载荷，刀片与试样从初接触、切割直至割破，刀片水平滑移距离被自动记录。

（3）必须进行一系列试验，至少进行约20mm切割滑移距离的三种不同载荷试验，以确定切割位移范围和额定力。

（4）所得到的载荷与距离曲线可以用来确定试样的切割阻力，以切割滑移距离20mm的外载荷作为试样的抗切割阻力。

防护服装用材料抗切割性能测试方法标准经过三次改进其测试方法和结果，已经具有很大的稳定性。但是此测试设备用于材料抗切割性能的研究还存在以下不足之处。

（1）不同切割速度下的测试数据不稳定，可重复性差，所以速度一般设定为（2.5±0.5）mm/s。

（2）法向外载荷恒定，属于合力，不能测定切割过程中试样和刀片之间的切割力，且刀片水平滑移时试样切向力也不能测得，给材料切割过程的理论分析带来不便。但是目前柔性纺织及其复合材料的研究类切割设备还未上市，研究学者一般通过自行设计和改造现有设备来进行测试。Vu等改造了ISO 13997切割测试设备TMD-100，他们把力传感器安装在样本载物台上测量施加在材料上力的精确值，应变计安装在载物台两侧记录切割过程的切向力[125]。

4.2.2　垂直刺割试验

为了弥补水平切割测试的不足之处，我们还对针织物进行法向穿刺切割试验，通过改造INSTRON万能力学试验仪，利用美国NIJ 0115.00防刺标准中的P1刀具垂直穿过织物表面，分析和研究刀具在法向作用力下对针织物的刺割破坏。

4.2.2.1　*试验试样*

试样为4.2.1.1弯纱深度80的纬平针结构和满针罗纹结构。按照三个方向裁剪织物制备切割穿刺试样：纬向、经向和45°斜向。试样直径为

80mm的圆形。

4.2.2.2 试验设备

本试验通过简单改造INSTRON（3385H）万能力学试验仪和自行设计的附件共同完成，如图4.2所示。INSTRON万能力学试验仪的下夹头被试样夹持附件代替，夹持附件为两个环形不锈钢板，试样夹在两个钢板之间，环的内直径为5mm，为了防止穿刺切割过程中试样的移动，两个环状钢板内一个开凹槽，一个开凸槽，且钢板四周打六个孔，孔径为8mm，用螺栓固定试样。刀具固定在上夹头，刀具是按照美国NIJ 0115.00防刺标准中的P1刀具订制，刀具一侧开刃，另一侧无刃。刀具实物图及加工图[81]如图4.3所示。

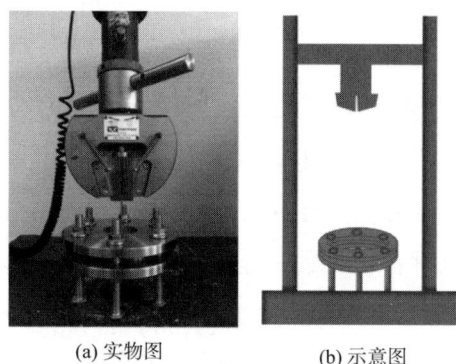

(a) 实物图　　　　(b) 示意图

图 4.2　纬编针织物垂直刺割设备

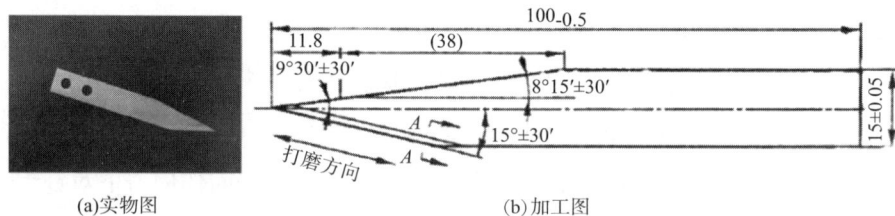

(a)实物图　　　　(b) 加工图

图 4.3　美国 NIJ 0115.00 防刺标准中的 P1 刀具

4.2.2.3 试验方法

为了全面分析刀具刺割针织物的物理现象，根据现有的试验条件，我们设置了一些垂直刺割参数，包括刀具法向刺割速度、针织物结构、织物裁剪方向及织物叠层等。在试验过程中，为了研究其中一个参数的影响，通常保持其他条件不变而只改变此参数，且每个参数条件下进行5个试样的重复切割试验。4.2.1中针织物的水平切割设备在不同切割速度下的试验数据不稳定，可重复性差，故切割速度一般设定为150mm/min。本节在研究切割速度对垂直刺割的影响时，选取了多个速度值（5mm/min、20mm/min、60mm/min、150mm/min、300mm/min、500mm/min）进行实验。试样选取纬平针结构及满针罗纹结构，研究不同针织物结构的防刺割性能。试样的裁剪方向分为纬向、经向及45°斜向。最后对叠层试样的抗穿刺切割性能进行分析，包括叠层数和叠层顺序。试样准静态穿刺切割实验具体操作步骤如下。

（1）将直径为80mm的圆形试样夹在环形夹具之间，通过螺栓固定试样。试样夹持附件固定在工作台上。

（2）把刀具安装在INSTRON万能力学试验仪的上夹头，刀具竖直放置，调节试样方向及刀具和试样的距离。

（3）设定测试方法及测试速度，点击"开始"按钮，开启准静态垂直切割试验。

（4）刀具均速下降，垂直刺割织物。由刀具加工图可知，刀具前端倾斜部位的垂直长度约为49.8mm，且刀刃的垂直长度约为30mm，因此每次实验以刀具下移位移为50mm时视为试验停止，测得位移—切割力曲线。

由于高性能纤维织物强度较大，在做多次准静态切割试验后刀具会钝化，而刀具的锋利程度对测试结果有较大的影响，因此每次试验都要更换刀具。

4.2.3　测试结果与讨论

本章采用两种不同的试验装置研究和探讨纬编针织结构的防刺割性能，两种试验装置既有不同之处又相互补充。水平切割试验顾名思义就是刀具沿着织物表面水平划割，由于刀具是直刀片，刀具和织物表面接触属于线接触，切割长度为刀片滑移距离，切割深度是织物的厚度方向。垂直穿刺切割试验为尖状刀具刺入织物结构内部，刀具与织物表面初接触属于点接触，刀具的侧向刀刃沿织物厚度方向滑移并产生切割破坏。切割长度为刀具垂直滑移长度，切割深度为刀具的宽度。由于纬编针织物是各向异性材料，所以两种切割方式下的抗切割性能不同。两种切割方式的示意图如图4.4所示。

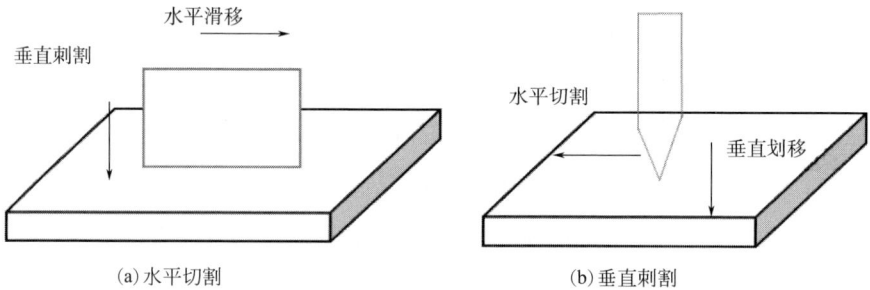

图 4.4　两种切割方式示意图

4.2.3.1　水平切割织物的抗切割性能

国际标准ISO 13997防护服装用材料的抗切割测试设备的原理即记录刀片水平滑移20mm割破织物所能承受的法向外载荷。载荷的设置为非连续性的，当载荷较大时，刀片滑移切割距离较短；当载荷较小时，刀片滑移距离较大。且此载荷为法向，刀片水平滑移切割织物，织物的切向力也无法获取。由于试验条件受限，试验时只能把刀片水平滑移20mm割破织物所能承受的法向外载荷作为织物最大抗切割力，同时试验能获得的还有织物的切割长度、切割深度及刀片水平滑移距离。而我们研究织物抗切割性能的目标方法为刀片在法向和水平作用力下对织物进行切割，试验记录织物与刀具从接触、切割到完全割破过程的受力变化。

图4.5为刀具在切割速度为150mm/min，沿针织物纬向和45°斜向的水平切割测试结果。图4.5（a）为不同针织物结构的抗切割性能比较，纬平针结构和满针罗纹结构均是服装常用织物组织，因此织物的平方米克重因素可忽略。满针罗纹结构织物的抗切割性能均大于纬平针结构织物，且抗

切割力增加100%。由织物结构参数可知，满针罗纹织物密度及厚度较纬平针结构织物大，单位线圈长度较小，因此满针罗纹织物结构紧密，单位切割长度下织物线圈数增加，切割深度增加，织物抗切割性能提高。织物45° 斜向切割的抗切割力大于纬向切割，由上面分析可知，45° 斜向切割时，刀片和织物的位置关系为刀片垂直于织物表面，但是刀片的切割线与织物内纱线之间有一定的角度关系，刀具垂直刺割纱线的斜向横截面。纬向切割时，刀片与织物线圈圈柱正好正交垂直，刀具正交垂直刺割纱线的横截面。刀具和纱线切割接触面积增加，纱线的抗切割性能提高。图4.5（b）为不同弯纱深度纬平针织物的抗切割性能比较，弯纱深度值越大，线圈长度越大，织物厚度越小，织物越稀疏，抗切割性能越差，且每个试样的斜向切割力均大于纬向切割力。

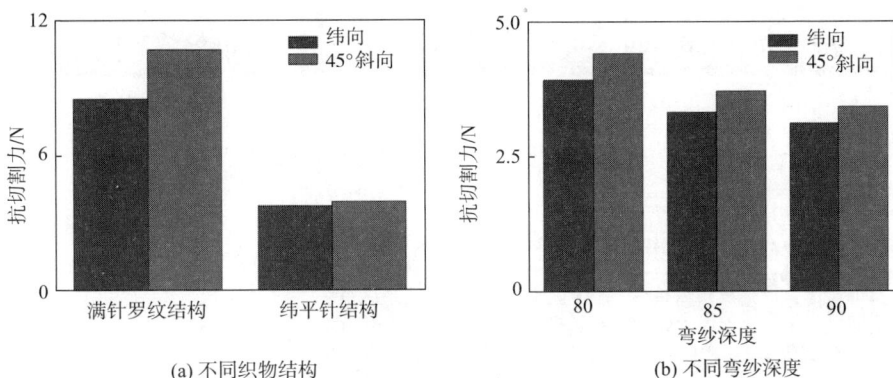

(a) 不同织物结构   (b) 不同弯纱深度

图 4.5 纬编针织物水平切割性能比较

为了更好地解释针织物的抗切割性能，我们观察不同弯纱深度的纬平针试样切割失效后的形貌特征，如图4.6所示。所有的织物都遭受局部切割破坏，主要是因为织物内纱线的切割断裂。对于纬向切割，织物的破坏程度和抗切割力呈正比关系，织物的破口越大，织物的抗切割性能越好。斜向切割则相反，织物切割破坏特征不明显，无破口出现。仔细观察抗切割力小的织物切割断裂面，有较明显的磨损破坏现象。由此表明，在水平切割过程中刀具对织物有水平滑动，且水平滑动摩擦力做功。以弯纱深度

85的纬平针织物为例研究试样切割破坏失效后的破口形貌特征，由图4.7可知，沿织物纬向切割后，织物表面产生类似椭圆形的破口，椭圆形的长轴和短轴长（a，b）可以测量出来，长轴为切割长度，短轴为线圈切断后的滑移变形。织物的切割破坏主要表现为刀片下方直接接触区线圈纱线的切割断裂及邻近区域线圈的纱线滑移。而沿织物斜向切割，织物表面的破口为切割直线，织物的切割破坏主要表现为在刀片下方直接接触区的线圈纱线断裂。

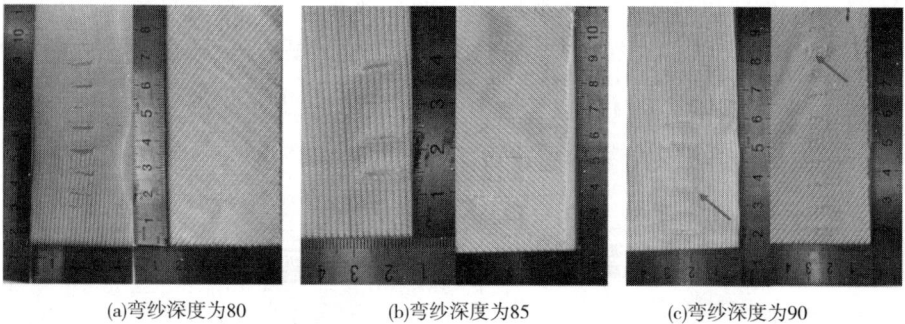

(a)弯纱深度为80　　　　(b)弯纱深度为85　　　　(c)弯纱深度为90

图 4.6　不同弯纱深度纬平针织物切割失效后的形貌

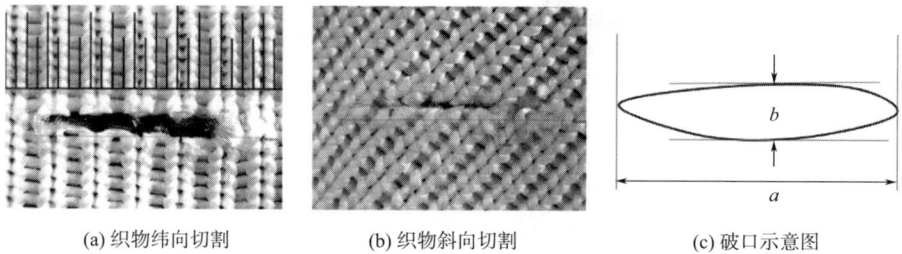

(a) 织物纬向切割　　　　(b) 织物斜向切割　　　　(c) 破口示意图

图 4.7　弯纱深度 85 的纬平针织物切割破口形貌

4.2.3.2　垂直刺割织物的防刺割性能

P1型刀具对针织物的法向穿刺过程主要表现为刀具在下移过程中对织物侧向的切割作用。但是与水平切割相比，刀具切割织物的方向发生改变。由于织物是各向异性材料，织物的防刺割性能不同，但是抗切割的基本原理是相同的。因此可从针织物结构、针织物刺割方向、针织物叠层、刀具准静态刺割速度等因素研究织物的防刺割性能。

（1）典型的垂直刺割特征曲线。在垂直刺割试验过程中，INSTRON
万能力学试验仪能够对织物的刺割受力进行实时监测，记录位移—力曲
线。观察发现，所有针织物试样的刺割力曲线具有相似性。图4.8为典型
的刺割受力和刀具位移关系曲线。为了准确地分析织物在切割过程中的受
力特点，对图中一些特征点进行了标注。a点为针织物在刀具垂直穿刺切
割作用下的割破点，F_a为针织物初破裂时切割力的最大峰值。当织物割破
后，织物和刀具间的作用力迅速降到最低点b点，F_b为针织物破裂后切割
力的最小峰值。随着刀具的下移，刀具对织物侧向继续进行切割，切割
力较F_a小，且在一定小范围内呈现波动状态，F_c为b点以后切割力的中间
值。从图中可以观察到，刀具从与织物的点状初接触到织物初次被刺破，
刺割力随着刀具的位移呈非线性增大，此刺割力曲线满足典型的J形曲线
关系。

为了定量分析刀具垂直刺割织物侧向的抗切割性能，本试验选取在最
初破裂点的最大切割力F_a、破裂点处的刀具位移L_a和织物破裂后切割力的中
间值F_c三个特征量来反映织物的切割过程。通过分析切割参数对这三个特
征量的影响规律研究织物的抗切割性能。F_a为切割过程中织物初次破裂时
的最大切割力，F_a越大，织物受到的损伤就越大。L_a为织物达到初次破裂
时的刀具位移，与织物面外形变和线圈拉长形变有关，L_a越大，说明切割
破裂时织物背凸和线圈拉伸变形就越大，织物的裂口就越大，刀具对织物
周边的损伤就越严重。L_a值的大小受织物边界条件（初始夹持力）影响很
大，在刀具和织物切割接触中，刀具会对织物产生挠度变化而形成背凸，
初始加持力小，织物挠度变化越大即背凸越大。初始夹持力也影响着织物
线圈的形态，夹持力越大，有可能在未切割之前线圈就被拉伸。胡中伟
对生物软组织切割性能的研究中提到试样材料的初始拉伸力越小，L_a值越
大，且试样初破裂点切割力的最大峰值F_a和L_a呈正比关系。F_c反映的是在织
物破裂后织物的稳定切割阶段的切割力，F_c越大说明在切割过程中刀具对
织物的破坏越大。这三个特征量能够综合反映织物的抗切割性能[125]。

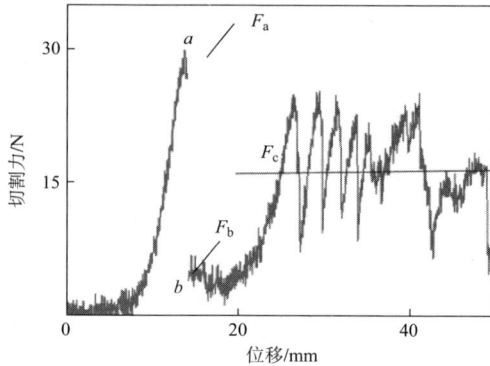

图4.8　纬编针织物垂直刺割的位移—力特征曲线

（2）针织物结构的影响。在针织物水平切割的抗切割性能研究中，织物结构是一个很重要的影响因素。织物结构越紧密，织物越厚，抗切割性能越好。在保持其他条件不变的情况下，本试验选取纬编针织物单面纬平针组织及双面满针罗纹组织作为研究对象。图4.9显示了两种组织结构织物的切割力与刀具位移关系曲线。由图可知，满针罗纹织物的防刺割性能优于纬平针织物，F_a和F_c值都增加了100%，且满针罗纹织物的L_a值较大，说明满针罗纹织物在刺割过程中形变较大，对织物的刺割破坏较严重，且F_a和L_a值呈正比关系。另外，两个刺割曲线均显示刺割破裂后的平均刺割力大于刺割破裂后的刺割力最大峰值。这是由于随着刀具下移，刀具和织物的接触面积越来越大，所以两者之间的作用力较接触面小时要大。

（3）织物方向的影响。由于针织物线圈为各向异性，刀具刺割织物方向会发生改变，刀刃对线圈切割部位和切割方式不同，且在刺割过程中线圈的拉伸变形方向也不同。因此，针织物的方向性会对刺割过程中线圈纱线拉伸变形及其刺割受力产生不同程度的影响。刀具截面与针织物线圈的相对位置关系如图4.10所示。当刀具纬向刺割织物时，随着刀具的下移，刀具由窄变宽，刀具挤压线圈两侧圈柱，织物线圈横向变大，假设线圈纵向长度不变，同时，刀刃切割线圈一侧圈柱直到纱线切断。当刀具经向刺

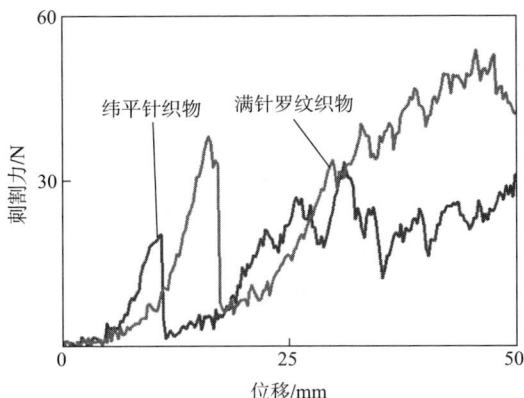

图 4.9　不同纬编针织物结构垂直刺割的位移—力曲线

割织物时，刀具使织物线圈纵向变形，假设线圈横向长度不变，刀刃切割线圈一侧的圈弧直到纱线断裂。当刀具斜向刺割织物时，线圈沿横纵向均产生形变，且刀刃切割纱线的斜向横截面。图4.11为满针罗纹织物三个不同刺割方向的刺割示意图，图 3.10（a）为刀具位移—刺割力曲线，图3.10（b）显示了三种织物刺割方向的破裂刺割力、破裂位移及破裂后平均刺割力特征值。所有方向的织物在切割破裂前，刺割力都随着刀具位移的增大而增大，三者的切割破裂位移变化不大，纬向刺割和斜向刺割的破裂刺割力具有相似性，较径向刺割力大。但是织物刺割破裂后的平均刺割力却出现了反转，经向织物破裂后，平均刺割力增大，位于三者最大值。纬编针织物是纱线沿着纬向成圈，线圈沿经向相互串套而成，因此，纬编针织物的纬向拉伸线圈形变大于经向。另外，对于针织物线圈，圈弧的弯曲程度大于圈柱，针织物线圈的各向异性影响着织物刺割过程的响应模式。

（4）织物叠层的影响。以满针罗纹织物为例，分别选取单层织物、双层及三层叠层织物作为刺割试样，图4.12为不同叠层数满针罗纹针织物的位移—刺割力曲线。较厚的试样刺割力较大，无论是破裂刺割力还是刺割破裂后的平均刺割力都较大，而且刺割位移也相应增大。单层织物穿刺切割，割破最大刺割力F_a为48.07N，破裂点处的刀具位移L_a为14.75mm，割破后平均刺割力约为23.68N；双层叠层织物穿刺切割，割破最大刺割力

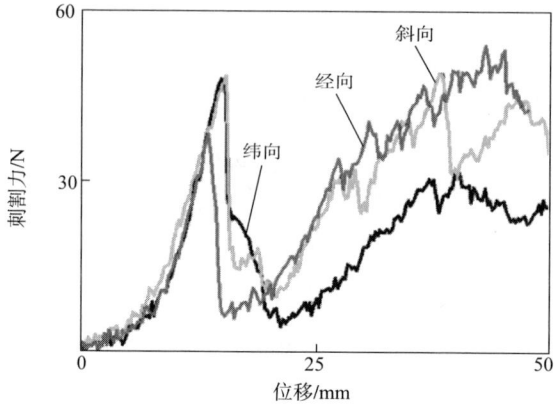

(a) 位移—刺割力曲线

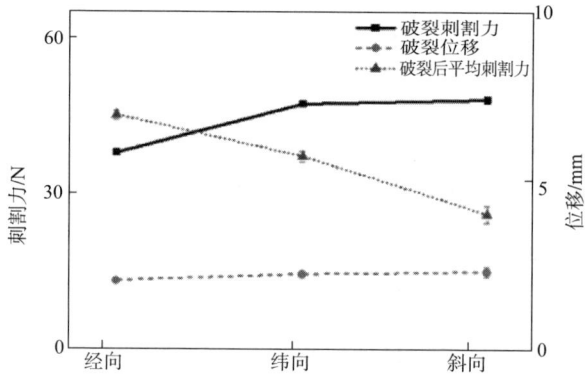

(b) 三种织物刺割方向的受力及位移

图 4.10　P1 刀具截面和针织物线圈的相对位置

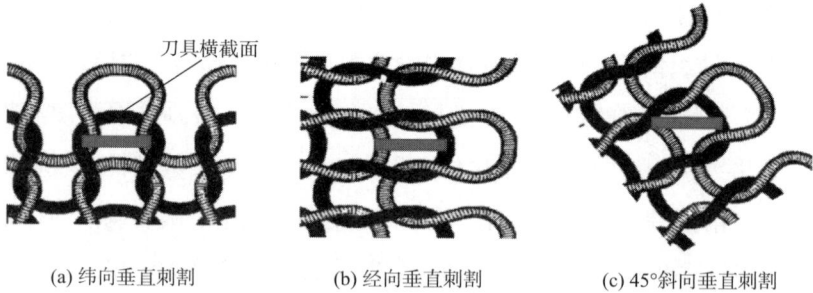

| (a) 纬向垂直刺割 | (b) 经向垂直刺割 | (c) 45°斜向垂直刺割 |

图 4.11　满针罗纹织物三个不同刺割方向的刺割示意图

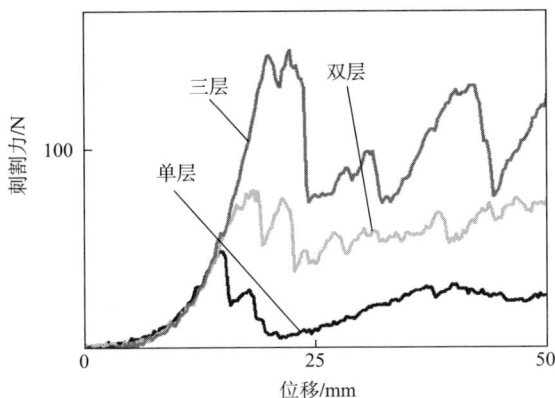

图 4.12　不同叠层数满针罗纹针织物的位移—刺割力曲线

F_a 为 79.06N，破裂点处的刀具位移 L_a 为 18.25mm，割破后平均刺割力约为 63.68N；三层叠层织物穿刺切割，割破最大刺割力 F_a 为 149.84N，破裂点处的刀具位移 L_a 为 24.25mm，割破后平均刺割力约为 103.5N。在刺割过程中叠层织物层与层之间是自由的，刀具在层间下移时，织物会受到层间滑移及空气阻力等影响。然而破裂最大刺割力、破裂点刀具位移及割破后平均刺割力与织物厚度的线性关系不明显。

（5）刺割速度的影响。研究发现，对于具有黏弹性的有机高性能纤维针织物材料来说，应变率会对有机高性能纤维的刺割响应产生较大影响。由于试验设备的速度范围只能在 0 ~ 500mm/min 内调节，因此，选取 5mm/min、20mm/min、60mm/min、150mm/min、300mm/min、500mm/min 为试验刺割速度，并对每组刺割速度选取 5 个试样。图 4.13 显示，随着刺割速度从 5mm/min 增大到 500mm/min，最大破裂刺割力呈现先增加后减小的趋势，破裂点处刀具的位移差别不是很大，破裂后平均刺割力除了刺割速度为 5mm/min 和 150mm/min 时较小，其他速度下的破裂后平均刺割力基本相同。针织物垂直刺割过程的破裂最大刺割力主要表现为织物线圈纱线被刀具割断时的切割受力，这和第三章 UHMWPE 纱线横向抗切割性能受切割速度的影响基本一致。Desai 等通过手术实验研究切割速度对黏弹性生物软组织的影响，研究结果表明切割速度较大时，在切割过程中组织会产生较小的变形反抗，因此切割区域组织的局部弹性模量较小，所以切割力较小[166]。针织物的刺割破裂过程也存在着织物外部及内部变形，对针织物的刺割理论分析有借鉴作用。

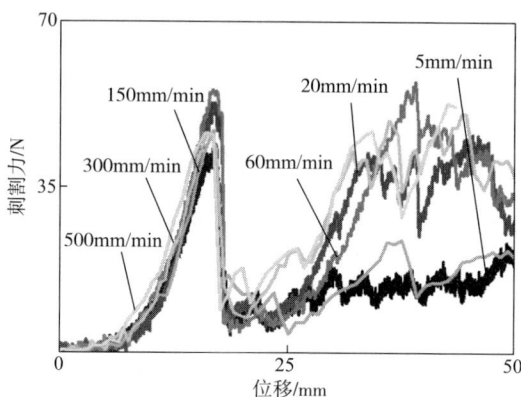

图 4.13　不同刺割速度下纬编针织物垂直刺割的位移—刺割力曲线

4.2.4　总结

由于纺织材料切割设备的局限性，纤维织物的抗切割性能研究才刚刚起步，本节利用现有切割设备和自行改装的切割设备，对纬编针织物进行两种不同方式的切割试验即水平方向切割和垂直方向切割。两种方式试验原理既有不同之处又相互补充。针织物的水平切割试验原理即直刀片对纬编针织物上表面水平划过并沿织物厚度方向切割。针织物的垂直刺割试验原理主要为尖状带刃刀具沿织物厚度方向刺入划过并沿织物侧向切割。

在纬编针织物切割过程中，很多切割参数对织物切割性能都有着很重要的影响，包括试样材料本身、刀具及试验条件等。但是由于现有织物切割设备的局限，针织物水平切割试验只能考虑试样本身，包括织物方向性、织物结构及织物弯纱深度等切割参数对织物切割性能的影响。

垂直刺割试验装备的搭建可以弥补水平切割设备的不足，扩大切割参数的设置，考察刺割速度及织物叠层等参数。不管是水平切割还是垂直刺割，不同的纬编针织物结构其抗切割性能不同。

　　本文以单面基础纬平针组织和双面满针罗纹组织为研究对象，试验结果表明，满针罗纹组织织物的各项防刺割性能均优于纬平针组织织物，主要因为满针罗纹织物密度及厚度较纬平针织物大，单位线圈长度较小，满针罗纹织物结构较紧密。水平切割时，单位切割长度下织物线圈数增加，切割深度增加，织物抗切割性能提高；垂直刺割时，随着刀具的刺割下移，刺割的线圈数较多，织物防刺割性能提高。织物方向对织物的抗切割性能也有很大的影响。织物斜向抗切割性能大于纬向和经向抗切割性能。对于垂直刺割试验，织物纬向的抗刺割性能大于经向的抗切割性能。纬编针织物是典型的各向异性材料，刀具刺割织物方向改变，刀具对线圈扩张变形方向、刀具刺割线圈部位及刺割方式均产生变化。相同组织的叠层织物的防刺割性能研究发现，随着叠层数量的增加，防刺割性能提高，但是由于叠层织物间的自由性，叠层织物的防刺割性能和叠层数的线性关系不明显。自行搭建的织物垂直刺割试验可以改变刺割速度，随着刺割速度从5mm/min增加到500mm/min，纬编针织物的防刺割性能呈现先增后减的趋势，与UHMWPE纱线抗切割性能具有相似性。

　　影响织物防刺割性能的参数还有很多，如刀具的锋利程度、刀具的切割角度、试样起始预张力等。但是不管如何设置参数，纬编针织物抵抗刀具刺割的物理现象是不变的，改变的是在刺割过程中织物刺割失效形式。

4.3　UHMWPE 纬编针织物的刺割过程

4.3.1　刺割过程分析

　　在刀具水平或垂直刺割作用下，目前的试验条件还不能直观地追踪织物刺割动态失效过程，但是可以通过试验观察和试验数据分析获得织物的许多抗刺割特性。刺割过程中织物形变，织物刺割破坏后的破口形貌，试验数据及位移—力曲线图等都可以表征和分析织物刺割失效形式。因此，本节主要从织物刺割过程受力和破坏形式两个方面分析织物刺割失效模式。

4.3.1.1 刺割过程受力分析

（1）刺割的特点。已有研究表明刺割的物理现象有三个特点：

①刀刃垂直作用于材料，材料发生变形。

②在切割过程中，刀具和材料有相对滑动作用力，材料被刀刃连续切割。

③材料被刀具切割断裂，形成新的表面。

由此可知，刀具切割织物的受力可分为两大类：法向作用力和水平作用力。织物受直刀片的水平切割和受尖状刀具垂直刺割的试验原理不同，下面将分别分析水平切割和垂直刺割过程的受力情况。

（2）水平切割过程受力分析。由图4.4（a）可知，直刀片对织物表面施加法向负荷，并沿织物表面水平滑动，织物所受外力分为沿接触面的法向力和切向力。作用在织物接触面上的法向力可分解为切割力和摩擦力，切割力即对织物产生切割破坏的分力，摩擦力是由于刀具沿织物厚度方向切割滑移而产生。切向力即由于刀具沿织物接触表面水平滑动产生的摩擦力。摩擦力又分为和正压力相关的滑动摩擦力以及和接触面黏结剪切相关的握持摩擦力。由于织物厚度较小，水平切割时沿织物厚度方向的摩擦力可忽略不计。因此，刀具对织物作用力主要表现为法向切割力和水平方向摩擦力。

Vu等研究了防护材料切割过程中的摩擦力作用，研究表明，材料的抗切割性能主要依赖于材料内在强力和摩擦力，在切割过程中包括两类摩擦力：一是与织物新表面和刀刃两边黏结握持相关的摩擦力，二是与法向负荷相关的摩擦力。通过改造国际标准ISO 13997切割设备测量水平滑动摩擦力（切向力）的大小，如图4.14所示。随着刀片水平滑移的位移增加，在正压力的作用下，切向力增大。当刀具完全割破材料时，织物表面的法向负荷去除，刀具继续水平滑移，切向力仍然存在且数值很大。根据摩擦的黏剪理论，此时的切向力与材料接触面黏结剪切相关，称为材料间的握持摩擦力[125]。

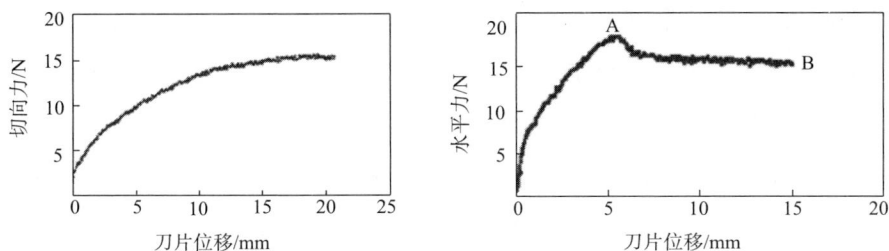

图 4.14　柔性防护材料水平切割试验的切向力

（3）垂直刺割过程受力分析。如图4.4（b）所示，尖状刀具施加垂直外力穿过织物表面，随着刀具尺寸的增加，刀具对织物产生水平挤压力而切割织物侧向。刀具对织物的作用力主要分为垂直方向作用力和水平方向作用力。水平方向作用力又分为对织物侧向挤压产生的切割力和沿挤压切割方向产生的摩擦力；垂直方向作用力是由于刀具垂直向下滑移产生的摩擦力，和上述分析一致，摩擦力又分为和正压力相关的滑动摩擦力以及和接触面黏结剪切相关的握持摩擦力。同样，由于织物厚度及刀具宽度较小，水平挤压切割方向的滑动摩擦力可忽略不计。因此，垂直刺割织物时，刀具对织物作用力主要表现为水平切割力和垂直方向摩擦力。另外，切割过程中，刀具对织物的侧向挤压使得与刀具直接接触的线圈扩张，线圈变形而产生纱线间滑移摩擦力。

　　综上所述，不管是水平切割还是垂直刺割，纬编针织物的抗切割性能主要与两个因素有关：一是材料本身的力学性能，二是刀具和织物之间的摩擦力。其中材料本身的力学性能决定织物切割过程中的切割力大小，而摩擦力主要引起织物切割过程中的能量消耗，因此，摩擦力对织物防刺割性有很大的影响。

4.3.1.2　刺割过程破坏形式分析

　　刀具施加外力切割织物，导致织物的内应力发生变化而产生不同形式的应变，当内应力聚集超过织物的最大承载应力时织物断裂而失效。织物切割过程中的破坏形式会因切割方式的改变而不同。

　　（1）水平切割过程破坏形式。刀具水平切割织物的过程即刀具与织物表面从初接触到织物完全被刀具切割断裂的过程，可分为四个阶段，如图4.15所示。首先，外加法向力和水平切向力的直刀片与织物表面初接触，直刀片和织物表面为线接触，织物表面产生一条压痕。此时主要表现为刀具对织物的压缩变形，外力做功主要为织物横向压缩变形能储存在织物内。同时切向力使刀片沿水平方向匀速滑移，织物接触面产生沿滑移方向的面内剪切变形，织物和刀具间水平滑移产生摩擦力使织物接触面受到摩擦磨损。其次，直刀片继续垂直向下侵入和水平滑移，织物被切割破坏，新表面产生。织物的切割断裂失效为局部形变，刀具下方纱线应力集中，纱线很容易被切割断裂。再次，一旦针织物纱线被切割断裂，织物出现裂口，织物则进入稳定的切割阶段。此阶段，随着切割新表面增大，织物的水平摩擦力增大，同时，纱线断裂使弯曲线圈的弹性能释放，纱线间发生滑移，裂口扩张。最后，织物完全被割破，织物断裂失效。纬编针织物水平切割断裂失效模式包括变形阶段、切割破裂（裂口产生）阶段、切割阶段（裂口扩张）和切割断裂阶段。

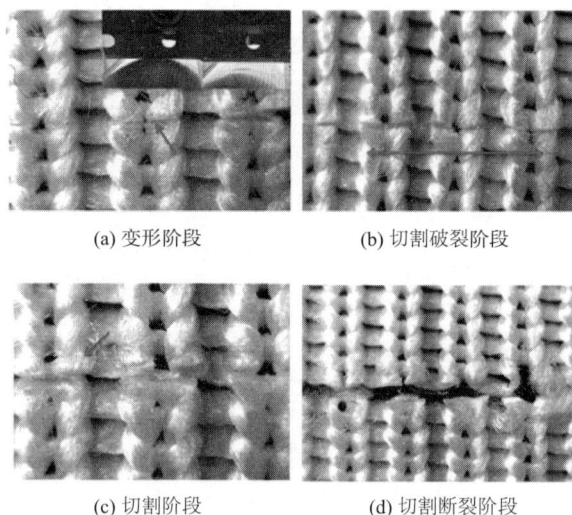

(a) 变形阶段   (b) 切割破裂阶段

(c) 切割阶段   (d) 切割断裂阶段

图 4.15　纬编针织物水平切割破坏过程

（2）垂直刺割过程破坏形式。由试验观察和垂直刺割位移—力曲线可知，针织物的垂直刺割过程可被分为四个阶段，即变形阶段、破口形成阶段、破口扩张阶段和刺割断裂失效阶段。变形阶段即尖状带刃刀具与针织物开始接触并刺入针织物线圈内，即图4.8中刀具与织物接触点0点到织物切割破裂点a点。在此阶段，刀具垂直向下移动，刀具与织物的接触随着刀具宽度的增大从点接触慢慢变大，侧向刀刃开始挤压针织物线圈，纬编针织线圈是相互串套而成，线圈受拉伸开始扩张，相邻线圈就会缩小。同时随着刀具的下移，刀具对直接接触纱线产生垂直向下的拉力，此纱线产生挠度变化，通过线圈串套勾结点，带动邻近纱线产生挠度变化，因此织物沿刀具下移方向产生面外变形。此时，刀具对织物没有切割发生或刀刃只是切割纱线内少量的纤维。刀具对织物做功所提供的能量转化为织物弹性变形能存于织物内。另外，织物和刀具间的相对滑移产生摩擦力，接触纱线表面产生摩擦磨损。

随着刀具与织物间相互作用力的增加，刀刃处的纱线所承受的应力越来越大，纱线被切割断裂，织物出现破口，即破裂点a。织物出现破口后，断裂纱线滑脱，刀具和织物之间的相互作用力减小，刺割力迅速降到很小峰值即b点，这一过程称为破口形成阶段。此阶段是瞬间过程，刀具对织物的做功忽略，储存于织物的弹性变形能全部被释放，提供给纱线断裂产生新表面所需要的能量。在变形阶段织物内存储的弹性应变能越多，在破口形成阶段破口越大。

织物破口形成后，织物力学稳定性已经失衡，随后的刺割过程相对较稳定，称为破口扩张阶段。此阶段，切割力虽然以增大—减小的形式上下波动，但是波动具有规律性且波动范围很小。刀具对织物做功，由于变形阶段织物变形较大，此阶段织物线圈的变形相对较小，切割织物产生新表面所需能量主要来自刀具做功。纬编针织物垂直刺割断裂失效模式主要包括：织物面外变形、线圈扩张变形、接触面的摩擦磨损、切割裂口的产生、裂口的扩张、刺割断裂。

图4.16为织物受水平和垂直刺割后的破损实物图。不管水平切割还是垂直刺割，织物都会产生局部切割破坏。试样和刀具直接接触部分被切割

失效，未与刀具接触部分在切割过程中只发生形变。而织物垂直刺割过程有较明显的面外形变。水平切割织物时，织物接触表面会随刀刃水平移动而产生面内剪切变形，而织物会因刀具垂直方向施加负荷而产生压痕。刀具和织物表面是线接触，刀刃下方会同时存在若干个线圈，破口的形成是由于刀具直接接触的线圈纱线被割断而使线圈滑移脱散所致，破口的扩张是由于刀具继续向下施加负荷切割邻近线圈纱线及纱线切断后的滑移所致。整个切割过程，织物和刀具间有相对滑移运动，摩擦力使织物接触面产生摩擦磨损。垂直刺割织物时，线圈未被割断前，织物随刀具下移产生面外变形，同时刀尖很容易刺入线圈内，线圈会随着刀尖端部宽度的增加而被拉长。当与刀刃接触的纱线被割断时，纱线会滑移脱散形成破口。随着刀具的下移，邻近的线圈和刀具接触而被割断，破口扩张。另外，刀具和织物间摩擦力对织物接触面产生摩擦磨损破坏。纬编针织物的水平切割测试指出，织物的抗切割性能主要因为材料的力学性能和纬编针织结构特性，织物有较小的形变。而垂直刺割时，刺割过程中织物变形起到很重要的作用。

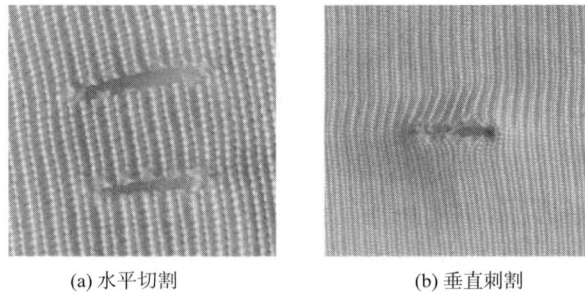

(a) 水平切割　　　　　　(b) 垂直刺割

图 4.16　织物切割后的破损实物图

4.3.2　纬编针织物刺割过程的摩擦力研究

刀具在刺割纬编针织物时，作用于织物的外力主要包括切割力和摩擦力，摩擦力不仅影响切割刀具的磨损情况还对织物切割过程的失效模式产生不同程度的影响。由织物切割过程的受力和破坏形式分析可知，织物切割过程中的摩擦力主要包括两方面。

①刀具和织物间的摩擦力，其又可分为两类。一是刀具对织物接触面施加正压力并平行相对运动产生的滑动摩擦力，与刀具对织物的正压力N及滑动摩擦系数μ有关，一般有$f_s=\mu N$。此滑动摩擦力对刀具和织物的接触面产生磨损现象，摩擦力较大时会产生磨屑；二是切割过程中，刀片的滑动和切割使刀具与织物破裂新表面的界面分子黏结发生剪切，产生摩擦力即握持摩擦力，根据摩擦黏—剪理论，有$f_g=AS$，其中A为接触面积，S为黏结点的比剪切强度。由图4.14可知，织物水平切割时，握持摩擦力比正压力相关的滑动摩擦力更大，几乎是3倍的关系。

②不管是织物的水平切割还是垂直刺割，切割过程中线圈会产生滑移，尤其是垂直刺割，在刀具类型、纱线材料及织物结构参数确定的情况下，纱线的滑移决定了刀具初始刺入深度、与刀具直接接触线圈的扩大程度及此过程织物对外力做功的吸能大小，因此纱线间的滑移对织物破坏性很大，而纱线的滑移主要取决于纱线间滑移摩擦力。

织物切割过程所涉及的摩擦力包括：与正压力相关的滑动摩擦力、刀具与织物握持黏结相关的摩擦力以及纱线间滑移摩擦力。刀具在织物表面水平滑移产生与正压力相关的滑动摩擦力，对接触面产生摩擦磨损。顾静利用自制织物水平切割装置对UHMWPE机织物进行抗切割性能研究，提出织物表面的割磨现象即织物表面出现切割断口（长度）和磨毛现象，但是关于摩擦磨损的不能定量分析，只能通过观测织物表面的纱线毛羽数来解释织物切割过程刀具对织物的磨损现象[45]。Kothari等首先解释切割即锋利刀具在法向和水平方向的运动，研究表明摩擦力做功对织物切割过程起到很重要的作用，然后，基于摩擦力与施加载荷呈正比，能量消耗与磨损量呈正比等假设条件，建立了一个简单数学模型来预测织物的滑切距离，即$D=C'\dfrac{Q}{F_f}$，式中，C'为常量，Q为切口体积[148]。Vu等研究结果指出：水平切割时，材料间握持黏结摩擦力对材料水平切割机理的影响更大，握持摩擦力几乎是正压力相关摩擦力的若干倍；水平切割时，织物所受最大水平滑移方向摩擦力（水平切向力）和正压力存在线性关系，即$F_{hf}=u_nF_N+F_{adh}$，式中F_{hf}为水平滑移方向摩擦力，F_N为正压力；F_{adh}为握持摩擦力，与正压力无关，取决于材料的厚度，$F_{adh}=\sum_{i=1}^{M}A_i\tau_i$，式中$A_i$为材料与刀具的局部接触面积，$\tau_i$为界面局部有效剪切强度[154]。按照国际标准ISO 13997，材料的抗切割性能用刀具水平滑移20mm材料被割破时所施加正压力大小来衡量。由图4.17可知，摩擦因子和握持摩擦力对织物的抗切割性能有相反的影响，即刀刃与织物间的摩擦因子提高，水平切割割破织物所要施加的正压力减小，织物抗切割性能降低；握持摩擦力增加，水平切割所需施加的正压力增大，抗切割性能提高。水平切割时，织物变形较小，织物纱线被割断时，弯曲的纱线弹性势能释放，纱线产生滑移，但是滑移距离非常小，试验无法观测到，因此水平切割过程纱线间滑移摩擦力可忽略不计。姚晓林利用摩擦理论研究了光滑锥子刺入纬平针织物过程中线圈扩张的特点及刺物的穿刺阻力，提出摩擦自锁理论[119]。目前，纬编针织物尖状刀具垂直刺割过程的摩擦学研究还未见详尽报道，本节以垂直刺割为例，研究纬编针织物垂直刺割过程中刀具和织物间的摩擦力及纱线间滑移摩擦力与织物防刺割性能的关系。

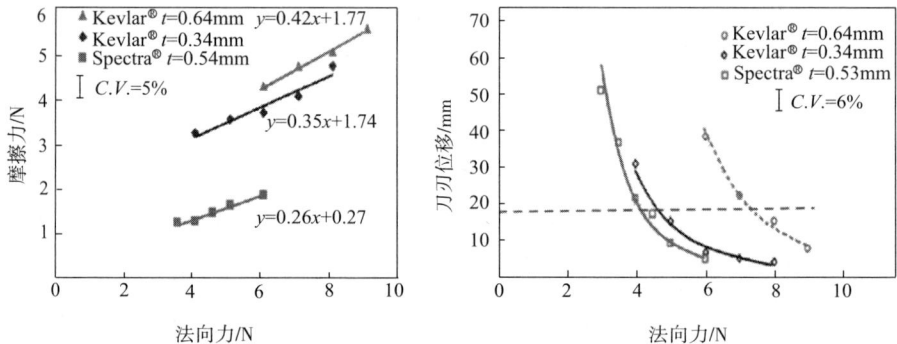

图4.17　柔性防护材料水平切向力和抗切割性能的关系

4.3.2.1　摩擦理论

摩擦现象对日常生活、工业生产及产品使用等有很大的影响。当在正压力作用下相互接触的两个物体受切向外力的作用而产生相对运动，或有相对运动的趋势时，在接触表面上就会产生抵抗相对运动的阻力，这一自然现象就是摩擦现象，这时所产生的阻力即摩擦力。摩擦是不可逆过程，其结果必然导致能量损耗及接触表面物质的磨损。由于摩擦学现象发生在物体接触面，使理论分析和试验研究都较为困难，尽管其性能已经经过几十年的研究，但是其本质仍然复杂且未知。

古典的滑动摩擦理论即$F=\mu N$，认为相互接触物体之间的滑动摩擦力取决于材料性质，定义为摩擦系数，而与接触面积、滑动速度和载荷无关。织物水平切割试验证明此摩擦理论不能完全解释纤维织物切割过程的水平摩擦力。对于黏弹性固体材料的滑动摩擦，摩擦力与表观接触面积密切相关。固体摩擦的黏—剪理论即滑动使接触点的黏结发生剪切，因此摩擦力公式为$F=AS$，式中A为接触面积，S为黏结点的比剪切强度。假设黏结点的比剪切强度为常数，则实际接触面积A的通用公式可以解释握持摩擦力，从而对织物切割过程的摩擦学有更为清晰的了解。姚晓林根据摩擦的黏—剪理论，采用压力—面积关系函数和接触区域应力分布特点，推导出实际接触面积函数[104]：

$$A=k^{-y}m^{1-y}N^{y}$$

应力分布又受材料性质、测试条件等影响，可假定应力分布因子D_{m}为常数来简化各影响因素对应力分布的影响。因此，实际接触面积可以用下列通式来表达：

$$A=D_{m}k^{-y}m^{1-y}N^{y}$$

根据摩擦力公式$F=AS$，则有$F=SD_{m}k^{-y}m^{1-y}N^{y}$。此式表明，接触表面黏结点剪切的摩擦学理论受很多因素的影响，主要影响因素如下：与材料有关的因素，如黏结点的比剪切强度S、材料的硬度k；与接触突出点数、接触形态和应力分布情况有关的因素；与摩擦测试有关的因素，包括接触模式（点接触、线接触、表面光滑度）、测试环境（温度、湿度）及接触时间（速度）等。

织物切割过程的滑动摩擦是黏结与滑动交替发生的跃动过程，既有滑动摩擦力的作用又有黏结握持摩擦力的作用，织物为黏弹性材料，摩擦表面处于塑性接触状态，滑动摩擦因子μ并不是常数。为了简化理论分析，假设织物切割过程的摩擦力分为两类，一是和正压力相关的滑动摩擦力，这时μ为常数；另一个是接触表面黏结握持摩擦力，受材料、接触形态和应力分布情况及摩擦环境的影响。

4.3.2.2 织物垂直刺割的摩擦力测试及分析

（1）织物和刀具间的摩擦力测试与分析。按照Triki等用尖状刀具切割弹性体薄膜的抗切割机制研究方法[167]，利用纬编针织物的垂直刺割实验设备，进行刀具垂直刺割织物—刀具从织物中垂直拔出的循环试验。第一步，尖状刀具垂直向下刺割纬编针织物，到达设定位移后，试验停止；第二步，刀具从已割破的织物中抽出，当到达切割的起始位置时，试验停止。对此循环切割试验，位移—力曲线被记录，刀具位移设定为50mm，如图4.18所示。对于第二步，刀具是从已割破的织物中拔出，刀具和织物间的作用力即为摩擦力。根据织物防刺割性能及摩擦学原理，织物在刺割过程中的摩擦力也会受到很多因素的影响。为了充分地理解和分析刀具和织物间的摩擦力对织物防刺割性能的影响规律，本文研究了不同的纬编针织物结构、织物方向、刺割速度及织物叠层下的摩擦力与织物破裂点的最大刺割力的关系。

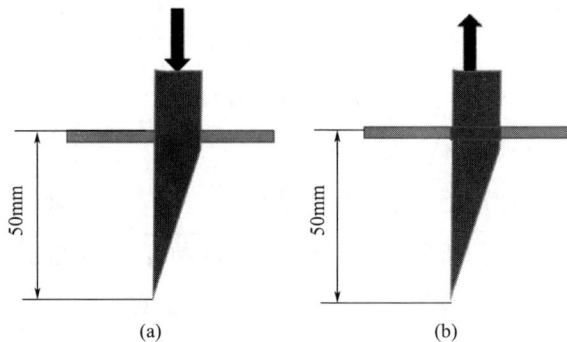

图 4.18　刀具垂直向下切割—向上抽拔循环试验示意图

①循环刺割试验的位移—力曲线。图4.19为典型的刺割循环试验的位移—力曲线。前文已对刀具刺割织物的位移—力曲线进行了分析，而刀具

抽拔出织物的位移—力曲线较平直，力值稳定，结合试验观察，刀具瞬间受力从织物中抽拔出，由于织物和刀具接触界面间的黏结作用，抽拔过程中的力主要表现为织物和刀具间的握持摩擦力。刀具抽拔出织物的位移—力曲线中出现一个较明显的力峰值，这是因为抽拔过程中刀具形状、尺寸的改变导致刀具和织物间相互作用力改变而产生的与正压力相关的滑动摩擦力。由图可知，滑动摩擦力较小。织物和刀具间的摩擦力在织物垂直刺割过程中占有很大的比例，约为55%，其中握持摩擦力在摩擦力中所占比重最大，约为85%。摩擦力使接触表面产生摩擦磨损，两种摩擦力以消耗功的形式影响着织物的防刺割性能。

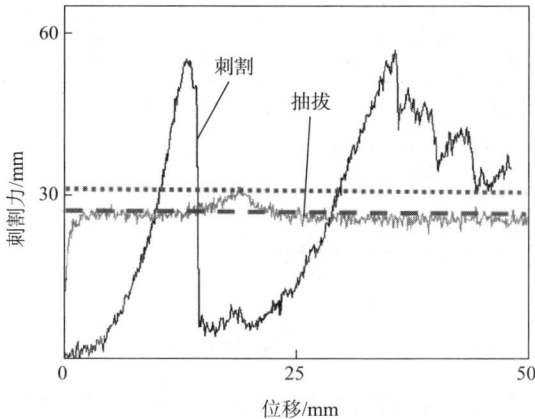

图 4.19　刀具垂直向下刺割—向上抽拔循环试验的位移—力曲线

②测试结果与讨论。通过织物和刀具间的摩擦力测试，刺割过程中滑动摩擦力和握持摩擦力值可以直接测得。根据摩擦学理论，握持摩擦力会受到材料本身、接触形式、接触时间（速度）及测试环境等的影响。在织物刺割试验中，织物结构、织物方向及织物厚度三个参数将改变织物本身的性能及织物和刀具在刺割过程中的接触形式，刺割速度使得刀具和织物间的接触时间发生改变，下面对各切割参数下织物和刀具间的摩擦力及与织物防刺割性能的关系进行分析。织物的防刺割性能用最初破裂点的最大刺割力来表示。不同测试参数下的滑动摩擦力、握持摩擦力及织物最初破

裂点的最大刺割力见表4.2。

表 4.2　不同测试参数下刺割—抽拔循环试验的摩擦力和破裂点处的最大刺割力

测试参数	参数设置	滑动摩擦力 / N	握持摩擦力 / N	总摩擦力 /N	最初破裂点的最大刺割力 /N
织物结构	纬平针	7.35	17.35	24.7	20.21
	满针罗纹	6.25	26.25	33.5	47.95
织物方向	经向	6.18	25.17	31.35	38.03
	纬向	6.25	26.25	32.5	47.95
	45° 斜向	6.74	26.65	33.39	48.39
织物厚度	单层	6.25	26.25	32.5	47.95
	双层	6.5	28.15	34.65	79.06
	三层	14.55	50.63	65.18	149.84
切割速度	5mm/min	6.16	23.16	29.32	43.97
	20mm/min	6.67	29.67	36.34	52.96
	60mm/min	7.05	32.05	39.1	55.47
	150mm/min	6.25	26.25	32.5	47.95

注　表中测试结果为 5 次平均值。

由表4-2可以看出，织物的垂直刺割过程中刀具和织物间摩擦力占有很大的比重，织物的垂直刺割参数也影响着摩擦力的大小。对于纬编针织物，即使使用相同的纤维纱线，编织工艺不同，纱线在编织过程中弯曲程度、成圈数及纱线走向等发生改变形成不同的组织结构，因此组织结构影响着纬编针织物本身的物理性能。纬平针和满针罗纹组织是纬编针织物常见的单面和双面织物的基本组织，满针罗纹较纬平针织物线圈密度大，织物较厚且正反面相同，所以刀具在切割织物时，满针罗纹和刀具黏结点的比剪切强度及两者的接触面积增加接触形式改变，握持摩擦力增加，而纬平针织物的滑动摩擦力较大。织物方向对摩擦力的影响较小，斜向织物的摩擦力最大，主要是因为正交切割织物斜向时，织物切面增大。织物的厚度对摩擦力影响很大，主要因为刀具垂直刺割织物时，刀刃和织物厚度面为接触表面，织物厚度增加，两者的接触面增加。三层织物垂直刺割时，摩擦力呈现阶梯跳跃式递增。切割速度对摩擦力的影响与织物抗切割性相似，呈现先上升后下降的趋势，且转折点速度都是150mm/min。由于纤维是黏弹性材料，织物的力学性能具有时间效应，其性能会随载荷保持的时间长短而变化，预测随着刀具滑移速度的增加，织物响应速度也增加，织物和刀具能够尽早形成截面的黏结剪切，接触面快速增大，握持摩擦力增加，但是滑移速度超过织物响应的临界值即织物内在的应变率较大时，材料力学性能会下降。

另外，织物和刀具间的摩擦力和织物刺割破裂点的最大刺割力呈正比关系，刺割过程中刀具和织物间的摩擦力较大，织物防刺割性能较好。织物的防刺割性能主要取决于材料本身力学性能抵抗切割断裂和刺割过程中摩擦力做功。也就是说，提高材料的防刺割性能有两种方法，一是提高材料本身的切割断裂韧性，二是提高材料刺割过程中摩擦力做功。但是摩擦力做功使得织物在刺割过程中产生损伤破坏而影响材料本身的防刺割性能，所以摩擦力在织物刺割过程中既起贡献作用又有阻碍作用。实际生产生活中摩擦力不可避免，合理利用摩擦力对提高织物的防刺割性能有着重要的意义。很多文献指出摩擦力是织物防护性能的重要因素。Nilakantan等提出摩擦力在织物抗弹道冲击中起到主要作用。摩擦力包括侵彻过程中织物与弹体间的摩擦力，织物内纱线间的摩擦力等[168]。Duan等利用有限元分析方法验证了摩擦力在高性能纤维平纹布防弹性能中的重要作用[169]。事实证明，在织物的垂直刺割过程中，刀具和织物间摩擦力做功以能量消耗的方式提高了织物的防刺割性能。

（2）纱线间滑移摩擦力测试与分析。织物垂直刺割试验的刀具是端部尖状，类似三角形的，侧向带刃。针织物是由纱线弯曲成圈形成的，因此织物内部有类似圆形孔隙。当刀具的尖点下穿刺入纬编针织物时，尖点很容易刺入织物孔隙，在这里假设每次试验刀具都正好刺入织物孔隙中，随着刀具的刺入，刀具的横截面尺寸由点状变成线状，与刀具直接接触的线圈由于刀具尺寸的变大而扩张。扩张线圈从相互串套的邻近线圈抽取使纱线间产生滑移，此滑移行为在相邻的线圈间相互传递，如果刺物无刃平滑如锥子之类，织物上会形成一定面积的线圈变形区域，这就是线圈纱线滑移的摩擦自锁原理，即刺物刺入一定长度，由于线圈不能再扩张而锁住刺物。带刃刀具在垂直刺入织物时，刀刃会切割直接接触的线圈纱线，因此，在织物还没达到自锁之前，线圈已经失效。所以带刃刀具垂直刺入纬编针织物就不能完全应用摩擦自锁原理，但是线圈滑移对织物垂直刺割过程中的损伤也有重要作用。在纱线材料和织物结构参数确定的情况下，其与纱线防刺割性能、刀具尺寸、刀具伸入长度及刀具和织物间的摩擦性有关。

纱线间滑移摩擦力测试模拟针织物线圈脱圈过程，即一个线圈纱线从相互串套的线圈中脱离过程中纱线产生滑移摩擦力的过程。本试验利用一个自行设计的简单装置安装在YG026D型多功能电子织物强力机上完成，如图4.20所示。纬编针织物两侧分别夹在两个钢板之间，用螺母固定在垫板上，垫板固定在织物强力机的下夹头，从纬编针织物线圈中抽出固定长度的纱线（10cm），拉直到自然长度后夹在机器的上夹头，设定试验参数后启动机器，夹着纱线的上夹头以固定的速度上升，纱线从线圈中滑移慢慢脱圈，在此过程中力F与纱线位移被记录下来。纬平针织物结构是纬编针织物最基本的组织，因此，本试验用纬平针组织作为试验试样。试样尺寸为50mm×100mm，拉出纱线长度为10cm，如图4.20（c）所示。

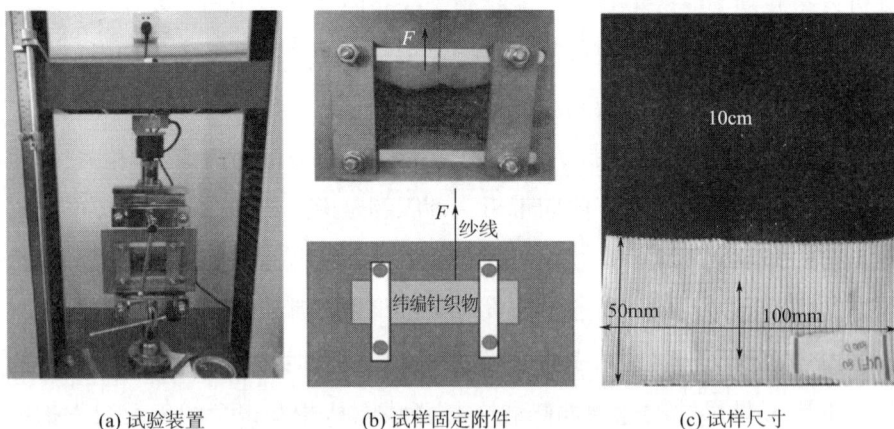

(a) 试验装置　　　　(b) 试样固定附件　　　　(c) 试样尺寸

图4.20　纬编针织物线圈纱线间滑移摩擦力试验测试

　　每次试验前，设定机器上夹头上升位移约为每个纬编针织物的5个单位线圈长度，因此上夹头达到固定值以后自动停止并还原到初始位置，设置上夹头的上升速度即纱线从针织物线圈中的滑移速度。在纱线脱圈滑移的过程中即纱线间滑移摩擦力测试过程中，有很多试验参数对纱线间的滑移摩擦力有着重要的影响，表4.3列出一些主要参数及参数变化值，如纤维原料、滑移速度、编织工艺（弯纱深度）等。根据上夹头位移回复值的设定，每个试验条件进行5次重复试验即5个线圈的滑脱试验。

表 4.3　纬编针织物线圈纱线间滑移摩擦力试验参数及变化值

参数设置	参数值		
纤维材料	UHMWPE	PBO	UHMWPE+ 玻璃纤维
滑移速度 /（mm/min）	5	50	100
弯纱深度	80	85	90

　　①典型的位移—力曲线。图4.21为单位线圈长度的纱线滑移典型的位移—力关系曲线。当线圈的一端纱线被上夹头的上升运动而拉直，力F产生并上升，当力$F=F_0$，纱线开始通过线圈滑移，在图上显示为单位线圈长度的滑移曲线中第一个转折点a点，F_0可定义为起始滑动摩擦力。曲线之后逐渐进入平稳阶段，振幅较小，此阶段的平均值F_1定义为纱线间滑移的平均滑动摩擦力。另外，在纱线间滑移的平稳阶段出现力峰值F_2，称为最大摩擦力，这是由于纱线从相互串套的线圈中脱离所致。为了分析织物垂直刺割过程中纱线间滑移的摩擦性能，选取纱线间滑移摩擦测试位移—力曲线中的起始滑动摩擦力F_0、平均滑动摩擦力F_1、线圈脱圈的最大摩擦力F_2及出现力峰值的纱线滑移位移L_p四个特征值来反映纬编针织物线圈滑移产生纱线间滑移摩擦力特性，并分析测试参数对这四个特征量的影响规律。

　　②测试结果与讨论。图4.22为三个测试参数下单位线圈循环的纱线滑移位移—力曲线。结合试验观察可知，纱线滑移摩擦性能并不稳定。由于摩擦机理的复杂性及材料接触表面受试验环境的依赖，数据的分散性很

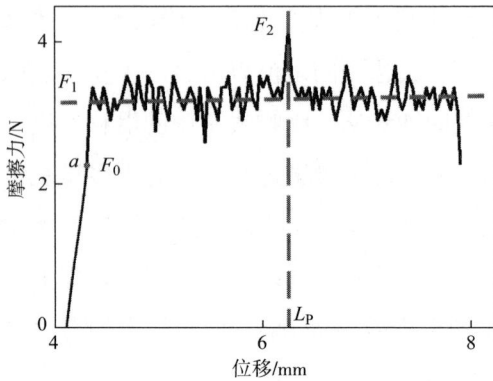

图 4.21　单位线圈长度的纱线滑移典型的位移—力曲线

大，但是仍存在一些规律。根据材料摩擦学理论，可解释和分析线圈脱圈过程中纱线间滑移摩擦性能。图4.22（a）显示出不同有机高性能纤维纬平针织物线圈滑移过程中纱线间的摩擦性能。UHMWPE和玻璃纤维包芯纱具有较高的平均滑动摩擦力和最大摩擦力，而UHMWPE弱捻长丝纱间滑移摩擦性最差即平均滑动摩擦力F_1和最大摩擦力F_2较小，但是三者的起始滑动摩擦力值F_0相同。纱线间滑移摩擦力性能首先与纱线本身的纤维材料有关，摩擦学理论表明，材料接触表面的粗糙度、黏结点的比剪切强度及材料的硬度是材料摩擦性能的关键因素。

　　第三章3.2.1节分析了UHMWPE纤维不同纱线结构的表观特征及基本力学性能，UHMWPE弱捻长丝纱表面光滑，UHMWPE和玻璃纤维包芯纱表面粗糙，且玻璃纤维的加入使材料硬度提高，因此纱线的基本力学性能也有所提高。由图4.22（b）可知，在目前的测试范围内，纱线间滑移摩擦力显然和滑移速度的相关性不是很大，平均滑动摩擦力F_1和最大摩擦力F_2几乎没有变化，但是仍对速度有依赖性，随着滑移速度增加，起始滑动摩擦力增加，这与有机高性能纤维材料的黏弹性有关，其应变率具有时间效应，即纤维材料对外界力引起的应变响应具有时间依赖性。另外，由于滑移速度的提高，线圈脱圈提前，出现力峰值的纱线滑移位移L_P不同。图4.22（c）所示为纬编针织物编织工艺弯纱深度对纱线滑移摩擦力的影响，弯纱深度可以改变相同织物结构下的单位线圈长度及织物厚度。纱线间滑移摩擦力很明显不受弯纱深度的影响。三个不同弯纱深度下的纬平针织物其线圈脱圈过程中纱线间的起始滑动摩擦力F_0、平均滑动摩擦力F_1和最大摩擦力F_2都具有很好的吻合性。但是随着弯纱深度的增加，纬平针织物单位线圈长度增加，纱线滑移位移增加，相应地，出现力峰值的纱线滑移位移L_p延迟。

由典型位移—力曲线关系可知，四个特征值可以解释和表征纱线间滑移摩擦性能。就目前考虑的参数因素及试验条件，纬编针织物纱线间滑移摩擦力主要受纤维材料的影响，纤维材料力学性能好、表面粗糙且硬度高，纱线间滑移摩擦力大，试验结果与摩擦学理论分析具有一致性。滑移速度与纱线间滑移摩擦力有较弱的相关性，滑移速度只会明显影响起始滑动摩擦力和最大摩擦力处的纱线位移。而纬编工艺参数弯纱深度，虽然它能因改变织物结构基本参数值而影响织物的垂直刺割性能，但是纱线间滑移摩擦力几乎不受弯纱深度的影响，只是由于单位线圈长度的改变而影响最大摩擦力处的位移。利用纬编针织物线圈脱圈过程测试纱线间滑移摩擦力的一些规律概括如下：

a. 相同线圈长度、滑移速度，不同原材料时，起始滑动摩擦力相同，平均滑动摩擦力和最大摩擦力不同，最大摩擦力处的位移不同。

b. 相同原材料、线圈长度，不同滑移速度时，随着滑移速度的增加，纱线间起始滑动摩擦力增加，最大摩擦力处的位移减小。平均滑动摩擦力和最大摩擦力相同。

c. 相同原材料、滑移速度，不同线圈长度时，起始滑动摩擦力、平均滑动摩擦力和最大摩擦力相同。由于滑移速度相同，但是随着线圈长度增大，最大摩擦力处的位移增大。

d. 起始滑动摩擦力与滑移速度有关，平均滑动摩擦力与最大摩擦力和纤维材料有关。

结合线圈纱线滑移特点和纬编针织物的切割过程，最终，选择平均滑动摩擦力F_1和最大摩擦力F_2两个特征值作为纱线间滑移摩擦力值。纱线间滑

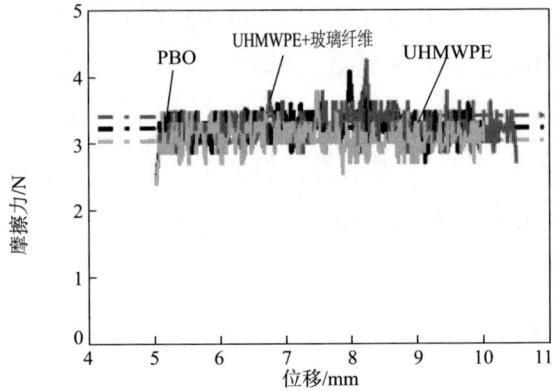

(a) 纤维材料

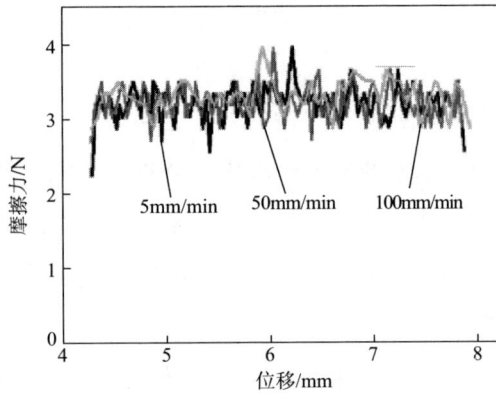

(b) 滑移速度

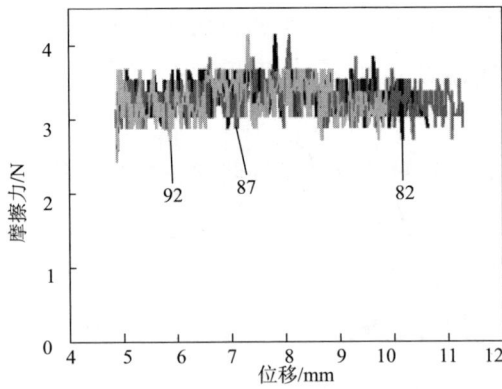

(c) 弯纱深度

图4.22　不同测试参数下单位线圈循环的纱线滑移位移—力曲线

移摩擦力对织物的防护性能（防弹、防刺、防割等）的作用和影响一直是学者研究和关注的焦点。例如，Nilakantan等通过纱线抽拔试验研究Kevlar机织物结构纱线间的摩擦性及影响因素，并与织物弹道冲击性能相结合，分析了纱线间摩擦力对织物弹道冲击过程的作用[170]。Wang等利用有限元模拟方法揭示了机织物弹道冲击过程中纱线间摩擦机理，研究结果表明，纱线间摩擦力较高的织物弹道冲击侵彻时间较长，吸能能力较强。由于试验条件的限制，针织物纱线间的摩擦性的研究还存在很多局限性[171]。

4.3.2.3　结论

由于纬编针织物刺割过程中摩擦效应对织物切割损伤形变的重要性，本节以摩擦学理论为基础，根据织物刺割现象的物理特征及纬编针织物的结构特点，对织物刺割过程中两个主要的摩擦力即刀具和织物间摩擦力和纱线间滑移摩擦力进行试验研究，揭示了织物刺割过程中刀具和织物、纬编针织物线圈纱线间的作用形式，分析了摩擦参数对摩擦力的影响。高性能纤维纬编针织物垂直刺割过程摩擦效应测试的结论如下。

（1）刺割过程中刀具和织物间摩擦力包括刀具和织物间的滑动摩擦力和握持摩擦力，其中，握持摩擦力较大。它们在切割过程中占很大比例，约为切割力的60%，摩擦力做功对织物损伤变形而产生的能量消耗来分担切割所需总能量。

（2）刀具和织物间摩擦力受刺割参数的影响，织物组织结构对刀具和织物间的摩擦力影响较大。在织物纤维材料相同的情况下，织物组织结构从根本上改变了纬编针织物材料特性。刺割速度对刀具和织物间摩擦力的影响和对织物防刺割性能的影响趋势具有一致性，均在150mm/min处出现转折。由于织物垂直刺割过程是刀刃和织物厚度面为接触表面，所以织物厚度对刀具和织物间的摩擦力起重要作用，厚度增加，接触面增加，摩擦力增大。试验中织物厚度通过织物叠层方法增加，层与层之间是自由的，所以厚度和摩擦力的关系为非线性正比关系，织物方向对摩擦力的影响较小。

（3）织物刺割过程中，随着刀具的伸入，刀具对织物线圈产生拉伸扩张形变，线圈纱线滑移产生滑动摩擦力。由于刀具宽度较大，织物垂直刺割的单个线圈扩张长度较大，参与纱线滑移的线圈数较多，所以纬编针织物垂直刺割的线圈纱线间滑移摩擦力是一个重要的指标。

（4）利用线圈脱圈过程测试线圈纱线间滑动摩擦力，纬平针织物线圈纱线间滑移摩擦力主要受到纤维材料的影响，与滑移速度、线圈长度有较弱的相关性。

4.3.3　纬编针织物刺割过程的织物形变研究

根据纬编针织物刺割过程破坏形式分析，对于单层纬编针织物而言，织物刺割失效模式主要包括织物的形变、线圈的形变、纤维的切割断裂等，其中纤维的切割断裂对织物的防刺割性能起决定性作用，与纤维材料本身的力学性能有关。织物的形变与织物结构、织物和刀具间作用力有关，而线圈的形变主要取决于线圈结构和纱线间滑移。此外，刺割试验中由于织物的边界条件及刀具类型不同，纬编针织物刺割过程的形变特征也随之改变。

4.3.3.1　水平刺割过程的形变特征

水平刺割试验时针织物试样的整个下表面被粘固在载物台上，这就意味着织物四周及下表面被固定而不能移动，刀具从针织物上表面开始接触织物并沿织物厚度方向切割侵彻。切割过程中织物在刀具作用力下除了产生切割断裂形成新表面和摩擦磨损外，针织物还会产生不同类型的形变。刀具与织物的上表面初接触时，没有切割产生，织物表面产生压痕，刀具对织物产生压缩形变。刀具对织物的水平切向力使织物产生沿切向力方向的剪切变形。受限于试验条件，直刀片水平切割纬编针织物的形变特征还不能定量化研究。

4.3.3.2　垂直刺割过程的形变特征

织物的垂直刺割即端部尖状、侧向带刃的刀具垂直刺入织物内。试验时，圆形织物试样四周被加持，垂直上下方向自由。刀具的端部尖点从织物上表面开始接触织物并沿织物厚度方向滑移，侧向刀刃水平切割织物。

刺割过程中织物除了产生切割断裂形成新表面和摩擦力产生的摩擦磨损外，织物其他类型的变形特征也比较明显。由试验记录的力—位移曲线可知，在织物初次切割破裂前是织物的变形阶段，假设此阶段纱线没有切割产生。稳定切割阶段曲线与形变阶段曲线相似，只是上下波动幅度较小且稳定，因此切割阶段的形变较小。织物的形变贯穿整个切割过程且形变值前大后小。织物垂直刺割过程的变形主要包括两类：一是织物背凸，二是线圈扩张。织物形变是织物切割过程中能量消耗的一种方式，对织物的防刺割性能有着重要的影响。

（1）织物背凸。刀具垂直刺入纬编针织物线圈内，刀具对织物施加垂直向下作用力，与刀具直接接触的纱线首先受力并开始沿外力方向伸直产生横向挠度变化，并通过针织物线圈串套勾结方式带动邻近纱线产生横向变形。随着刀具继续沿织物法线方向下移，织物的面外变形增加，以刀具和织物的接触点为中心，整个受力区域的织物形成一个锥体，织物的正面呈现明显的凹陷，而背面有类似锥形的凸起，因此称为织物背凸。圆形织物试样的背凸类似圆锥体，用圆锥体的高来表征织物的背凸量，图4.23为织物刺割过程中背凸形成的实物图和示意图。由于刀尖尺度远远小于织物线圈的孔隙，所以刀尖在和织物接触初期已经刺入织物线圈内，刀具的位移大于织物的背凸量。若不考虑刀具宽度、厚度比及织物的纵纬向差异，织物背凸轮廓则以刀具为中心轴对称。

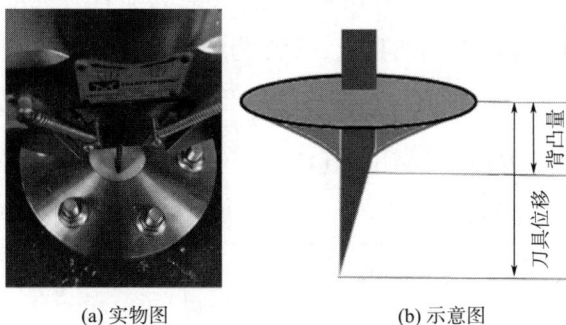

(a) 实物图　　　　　　　(b) 示意图

图 4.23　织物切割过程中的背凸

关于织物在法线方向的负荷下产生的面外背凸变形的研究已有很多相似文献的报道，如纤维织物及复合材料的弹道冲击、低速冲击、顶破性能、防穿刺性等。例如，Parga-Landa等建立了弹道冲击下与弹体直接接触的织物主纱线和次纱线挠度变化导致纱线应力—应变的力学模型[172]。Tabiei等提出纺织织物防弹复合材料的"背凸"变形是材料抗弹道高速冲击过程中主要的吸能方式之一，当弹丸产生压缩应力时，织物发生法线方向的变形，随着弹体的侵彻，材料变形越发严重[61]。侯利民研究了柔性复合材料在有棱且较钝锥体的顶破载荷作用下变形形态的分析模型[173]。

在讨论纬编针织物垂直刺割过程中织物背凸量的计算模型时，首先，刀具厚度可忽略不计，其次，由于纬编针织物是由同一根纱线组成，假设在刀具垂直下移过程中纬编针织物的纬向和纵向变形是相同的，因此，织物背凸变形是沿中心轴对称的。由图4.23可知，刀具下切割纬编针织物的变形阶段，织物背凸形变的外轮廓并非直线，而是弧线，这是由于随着刀具的下移，线圈结构发生变化，纬编针织物内每个线圈纱线的受力情况不同所致。根据侯利民的机织物在锥体顶破载荷下的变形形态的分析模型，纬编针织物背凸形态轮廓的圆弧模型如图4.24所示。圆弧模型满足两个条件：圆弧的圆心和织物边界点在一条直线上且垂直于水平线；圆与水平线相切。由图可知，随着刀具的下移，刀具的宽度增加，圆心沿轴线下降，圆弧曲率变大，这完全符合织物垂直刺割试验中织物背凸形变的特点。图中A点为切割试验圆形织物试样的边界点；B点为随着刀具位移，织物和刀具的接触点即圆锥状背凸的顶点；O点为织物背凸圆弧模型的圆心。设在切割过程中随着刀具的下移，织物的背凸量为x时，点A、B和O的坐标分别为$A(0, r)$、$B\left(x, \dfrac{d}{2}\right)$和$O(x_0, r)$。根据圆半径相同的几何性质（即$OA=OB$），则有：

$$x_0=\sqrt{(x_0-x)^2+\left(r-\dfrac{d}{2}\right)^2} \qquad (4\text{-}1)$$

得x_0和x的关系如下：

$$x_0=\dfrac{x}{2}+\dfrac{(2r-d)^2}{8x} \qquad (4\text{-}2)$$

背凸圆弧上任意一点（x'，y'）的表达式如下：

$$x' = x_0 - \sqrt{x_0^2 - (y' - r)^2} \qquad (4\text{-}3)$$

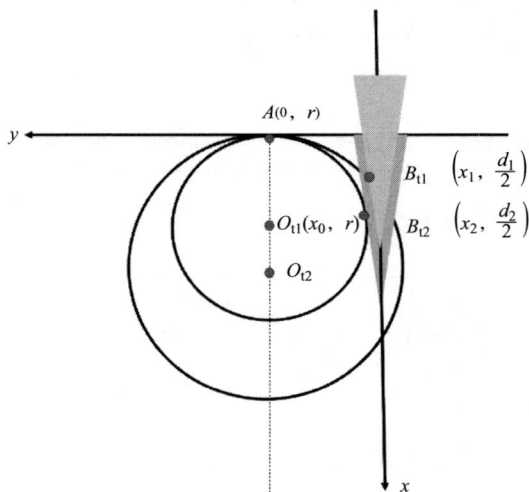

图 4.24　纬编针织物背凸形态轮廓的圆弧模型

　　纬编针织物垂直刺割过程中，织物背凸量的大小受到很多因素的影响。由于带刃刀具对直接接触的线圈纱线有切割断裂破坏作用，所以刺割过程中织物的背凸量大小受刀具锋利程度的影响。织物背凸的形成是由于刀具和织物纱线接触点受力产生挠度变化，织物背凸量的大小与刀具和织物接触点处的受力有关。刀具沿织物法线方向下移产生刀具和织物间的摩擦力，摩擦力的大小影响着织物背凸量的大小。随着刀具的下移，与刀具直接接触的线圈由于刀具宽度的增加而扩张，纬编针织物不同方向线圈的扩张程度影响着纱线的受力从而影响织物的背凸量。有机高性能纤维是黏弹性材料，所以刺割速度对纬编针织物的背凸量有一定的影响。表4.4为纬编针织物垂直刺割试验不同参数下的织物背凸量。

　　纬平针织物在垂直刺割过程中刺割力和摩擦力都较满针罗纹织物小，所以纬平针织物的背凸量较小；在实际刺割测试中，织物方向对刺割性能有很大的影响，纬编针织物为各向异性材料，纵向延伸性小于纬向延伸性，且不同方向线圈纱线传递力的方式不同，所以背凸量的差异很大。叠层织物厚度增加，防刺割性能增加，与刀具直接接触的线圈纱线在刺割过程中受力增大，因此背凸量随着叠层数的增加而增加。但是随着叠层数的增加，刀具和织物间的摩擦力较大，所以织物的背凸量增量较小。随着刺割速度的增加，织物背凸量呈递增关系。

表 4.4　纬编针织物垂直刺割试验不同参数下的织物背凸量

测试参数	参数设置	织物背凸量 /mm	
		平均值	方差
织物结构	纬平针	9.6	2.1
	满针罗纹	13.5	1.56
织物方向	经向	13.5	1.56
	纬向	15.9	0.9
	45°斜向	15.7	1.65
织物厚度	单层	15.9	0.9
	双层	16.2	2.15
	三层	16.7	3.03
刺割速度	5mm/min	12.2	0.1
	20mm/min	13.6	0.75
	60mm/min	15.1	1.05
	150mm/min	15.9	1.56
	300mm/min	17.0	0.34

（2）线圈扩张。随着刀具向下切割滑移，刀具宽度增大，刀具对针织物线圈水平挤拉扩张，线圈扩张是从邻近线圈抽取纱线而产生线圈纱线滑移。因此，线圈扩张对针织物切割过程中织物破坏具有重要作用。对于纬编针织物垂直刺割而言，线圈扩张发生在与刀具直接接触的线圈纱线且未被刺割断裂失效前。在刀具、织物的纤维材料和组织结构确定的情况下，线圈扩张程度和线圈结构特点、扩张方向及切割速度（刀具伸入深度）等有关。

①纬编针织物线圈结构特点的理想几何模型。为了研究纬编针织物的物理、化学性能，很多学者不断探索组成纬编针织物的基本单元——线圈

的结构特点，试图模拟线圈在织物结构里的最真实的形态。例如，最常用的有Pierce二维线圈模型、三维纬平针线圈模型等。但是在实际工程应用中，这些模型需要较长计算时间及较复杂的计算式。因此，具有一定的精度及有效性的简单纬编针织物线圈模型是非常必要的。Wu等首次提出纬编针织物线圈的六角形蜂窝结构几何模型，Araujo等利用此几何模型调查和研究纬编针织物的力学形变特征。他们指出，纬编针织物线圈结构可以简化为六角蜂窝结构，且六角蜂窝结构用特殊的铰链原理连接[174-175]。图4.25为纬平针组织线圈结构和六角蜂窝结构。由图可知，六角蜂窝结构的各边分别代表纬平针组织线圈结构的不同部位，b边代表线圈的圈弧，a边代表纬编针织物线圈的串套交织部位，d边代表线圈的圈柱。两者明显的相似性表明六角蜂窝结构可以作为一个简单有效的纬平针线圈模型[176]。典型的六边形正六边形，相互间夹角为60°。为了表征纬平针线圈各向异性，对六角蜂窝结构的各几何参数值进行设置，如图4.25（b）所示。结合纬平针线圈结构单元特点，六角蜂窝结构几何参数值的关系如下：

$$2b+2a\cos\alpha=W \tag{4-4}$$

$$a\sin\alpha+d\cos\beta=C \tag{4-5}$$

另外，六角蜂窝结构的上下高度相等，因此有：

$$a\cos\alpha=d\cos\beta \tag{4-6}$$

纬平针织物的单位线圈纱线长度可近似为：

$$l=2（2a+b+d） \tag{4-7}$$

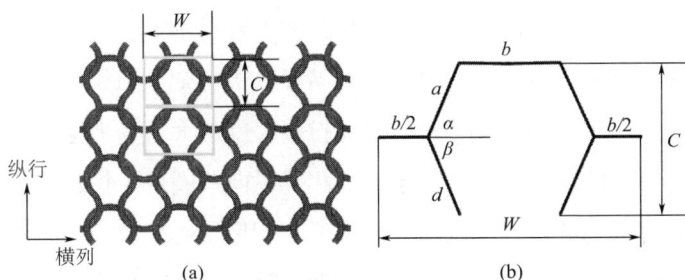

图 4.25　纬平针组织线圈结构和六角蜂窝结构

②纬平针织物结构的物理模型。根据纬平针织物成圈及线圈相互串套特点，六角蜂窝状线圈结构的六条边沿纬向利用铰链固定轨道可以自由左右传动，且六角蜂窝状结构通过a线条沿经向相互连接。纬平针织物结构的物理模型如图4.26所示，箭头为六角蜂窝状线圈纱线的传动轨迹，a线条表示纬平针织物线圈串套的交织部位，弹簧表示周围织物的弹性。

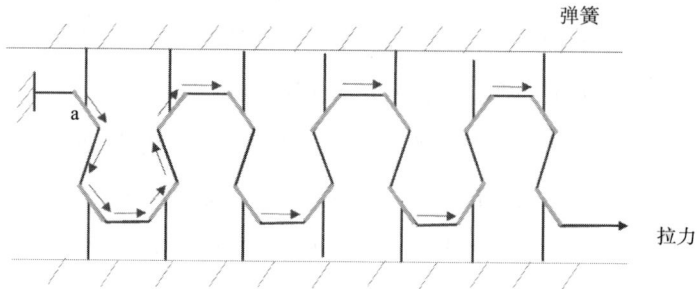

图4.26　纬平针织物结构物理模型的示意图

③线圈扩张的变形规律。由于纬编针织物线圈的各向异性，刀刃穿过织物线圈的相对方向不同，对线圈拉伸部位不同，因此会对线圈纱线的扩张程度及刀具垂直刺割深度产生不同程度的影响。考虑到纬平针织物的经纬方向性，主要探讨刀具沿织物横向、纵向和45°斜向正交垂直伸入时织物线圈的变形规律。

刀具沿纬编针织物纵向正交垂直伸入时，刀具横截面较长边和织物纵向平行。随着刀具的伸入，与刀具直接接触的线圈变形特点为：假设线圈的纬向间距不变即圈弧线不变；线圈沿纵向扩张，线圈圈柱和线圈串套交织线变长；刀刃和线圈圈弧接触，刀刃切割线圈圈弧。

由试验观察和织物切割失效后形貌特征分析可知，刀具切割伸入过程中织物变形特点为：刀刃直接穿过的线圈扩张长度最大，受力也最大；此扩张线圈的相邻纬向线圈处于抽紧状态，而相邻纵向线圈处于扩张状态，两者都随着与刀刃穿过的线圈距离的增加而降低，均呈梯度变化趋势；当与刀刃直接接触的线圈圈弧纱线被割断时，线圈发生脱散，刀刃和纱线脱离。

当刀具穿过线圈时，其六角蜂窝状线圈结构沿线圈纵向的变形规律如

图4.27所示。线圈沿纵向拉伸扩张时，假设线圈横向间距保持不变，线圈六角蜂窝状结构转变成长方形结构，长方形的宽为不变的弧圈边，长为拉长的圈柱和线圈串套交织边，增加长度分别为δd和δa。由于相邻纵行线圈纱线被缩紧，相邻圈弧长度可忽略不计。因此与刀具直接接触线圈扩张后线圈长度为：

$$l' = 2\left[\,(a+\delta a)+(d+\delta d)+b\,\right] \qquad (4\text{-}8)$$

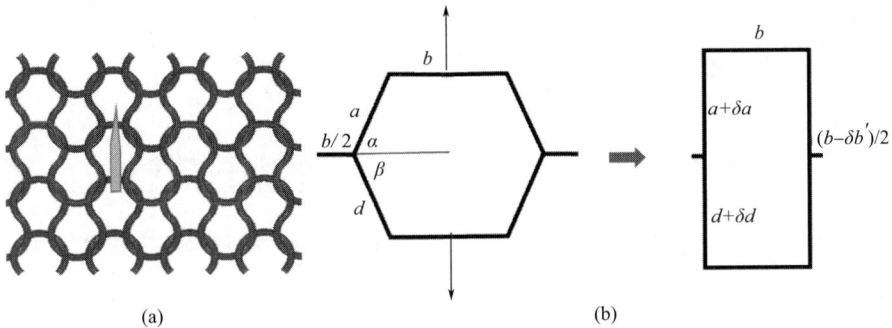

图 4.27　刀具沿织物经向垂直刺割时线圈结构的变形规律

　　刀具沿纬编针织物横向正交垂直刺入时，刀具横截面较长边和织物纬向平行。随着刀具的下移，与刀具直接接触的线圈变形特点为：假设线圈沿纵向针编弧的圈高不变；线圈沿横向扩张，线圈的圈弧、圈柱和线圈串套交织线均变长；刀刃和线圈圈柱接触，刀刃切割线圈圈柱。

　　由试验观察和织物切割失效后形貌特征分析可知，刀具切割伸入过程中织物变形特点为：与刀具接触并参与变形的线圈数不断增加，扩张长度最大，受力最大的是与刀具直接接触的线圈；刀具伸入的线圈所在纵向正下方线圈处于扩张状态，而相邻纬向线圈处于抽紧状态，两者都随被穿入线圈距离的增加而降低，呈梯度排列；当与刀刃直接接触的线圈圈柱纱线被割断时，线圈发生脱散，刀刃和纱线脱离。

　　六角蜂窝状线圈结构沿线圈横向的变形规律如图4.28所示。线圈沿横向拉伸扩张时，线圈六角蜂窝状结构转变成梯形结构，在保证六角蜂窝状结构的上部高度不变的情况下，梯形上边长即圈弧增加了$\delta b'$，梯形下边长为拉长的圈柱和圈弧，增加长度分别为$\delta d'$和$\delta b'$，梯形侧边为线圈串套交织边，其长度增加了$\delta a'$。由于相邻纵行线圈纱线被缩紧，相邻圈弧长度可忽略不计。因此与刀具直接接触线圈扩张后线圈纱线长度为：

$$l'=2\left[(a+\delta a')+(b+\delta b')+(d+\delta d')\right] \qquad (4\text{-}9)$$

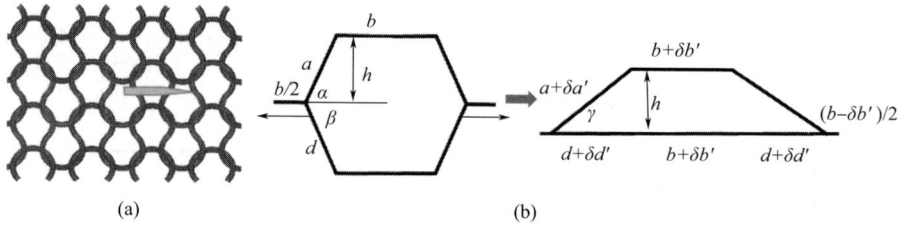

图4.28　刀具沿织物横向垂直刺割时线圈结构的变形规律

　　刀具沿纬编针织物45°斜向正交垂直刺入时，刀具截面较长边和织物横向呈45°夹角。随着刀具的下移，线圈扩张变形特点为：线圈斜向扩张，刀刃分别和线圈串套交织边及线圈圈柱接触并沿斜向扩张线圈，线圈沿横向和纵向间距均发生变化。因此，线圈圈弧、圈柱及线圈串套交织边长度均发生变化。织物的变形特点为：与刀具接触并参与变形的线圈数不断增加，与刀具直接接触的线圈扩张长度最大，受力最集中。此线圈相邻纵行正下方线圈处于扩张状态，而发生线圈扩张的相邻纬向线圈处于抽紧状态，两者均随被穿入线圈距离的增加而降低，呈梯度排列。六角蜂窝状线圈结构沿织物45°斜向的变形规律如图4.29所示。线圈沿45°斜向拉伸扩张时，线圈六角蜂窝状结构转变成平行四边形结构，假设平行四边形的夹角θ为45°，平行四边形的较长边长即圈柱和线圈串套交织边，分别增加了纱线$\delta d''$和$\delta a''$。较短边长为圈弧，长度增加到$b+\delta b''$，因此与刀具直接接触线圈扩张后线圈长度为：

$$l'=2\left[(a+\delta a'')+(b+\delta b'')+(d+\delta d'')\right] \qquad (4\text{-}10)$$

　　当刀具垂直刺入纬编针织物线圈内时，刀具挤拉线圈使直接接触线圈产生扩张，线圈纱线通过相互串套勾结使线圈扩张沿纬编针织物线圈串套方向（经向）传递，同时线圈扩张使其相邻纬向的同根纱线线圈产生

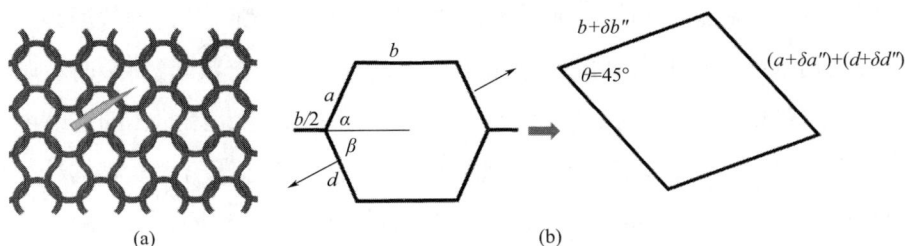

图 4.29　刀具沿织物斜向垂直刺割时线圈结构的变形规律

缩紧及沿纬向的缩紧传递。因此，线圈扩张使针织物产生沿纬向和经向的形变。

④线圈扩张的传递规律。纬编针织物在无外力作用下的平衡状态时，线圈相互串套勾结处纱线的力是保持相等的，其关系如图4.30所示，即 $F_1+F_2=f_1+f_2$。当刀具伸入针织物线圈内，刀具对接触线圈纱线产生拉力，即 $F_1+F_2-f_1+f_2 \approx \Delta F$。在交织点处线圈会被向左下方拉动，因此右上方线圈纱线的力增加，直到左右线圈纱线的力相等时停止，线圈扩张传递停止。纬编针织物线圈沿纵向相互串套勾结，因此力沿织物经向传递。

纬平针织物的线圈纱线扩张的长度来自此线圈所在相邻横列线圈纱线的滑移，不是纱线的拉伸增长量。因此，相邻线圈由于纱线滑动而抽紧，且纱线的滑动在线圈串套勾结处产生纱线间滑动摩擦力。纱线间滑动摩擦力对横向线圈滑移数量有很重要的影响。利用线圈脱圈过程测得纬平针织物线圈纱线间的滑动摩擦力一般为3～5N，但是在实际刀具深入线圈扩张的过程中，受到刀具截面形状、穿入织物的方向等因素影响，刀具和纱线间的包围角度和线圈纱线张力发生改变，因此，线圈扩张过程中纱线间的滑动摩擦力并不是与线圈滑移数量呈线性关系，而是呈指数级数的增长。当扩张拉力远远小于扩张所产生的纱线间滑动摩擦力时，纱线停止滑移，同纬向的线圈停止紧缩。此时纬编针织物变形

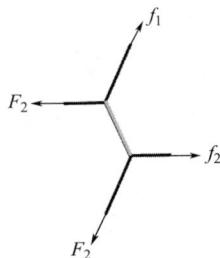

图 4.30　纬编针织物稳定状态下线圈相互串套处的力平衡状态

达到"自锁"状态，当然其前提条件就是在达到"自锁"状态前线圈纱线没有被切割断。姚晓林研究结果指出，当被缩紧线圈个数超过3个时，阻碍线圈扩张的纱线间摩擦力是线圈个数为2时的几十倍，因此，随着被缩紧线圈个数的增加，阻碍线圈扩张的纱线间摩擦力趋近无穷大。根据纱线间摩擦力的增长特点和纱线间摩擦力的测试结果，缩紧线圈个数一般不会超过3个[119]。紧缩线圈个数还受到刀具锋利程度及纱线纤维抗切割性能的影响，若纱线纤维抗切割性能较差或刀具较锋利时，针织物线圈纱线扩张程度较小，纱线被切割断，针织物发生脱散失效。

4.4　UHMWPE 纬编针织物的防刺割机理

4.4.1　断裂力学理论

断裂力学是固体力学的一个新分支，断裂力学的基本研究内容包括：裂纹的起裂条件；裂纹在外部载荷或其他因素作用下的扩展过程；裂纹扩展到什么程度物体会发生断裂[163]。

关于裂纹的起始条件，通常有两种处理方法，分别为应力场强度分析法（Irwin理论）和能量平衡分析法（Griffith理论）。1948年，Irwin和Orowan通过分析裂纹尖端附近的应力场，提出应力强度因子的概念，建立了以应力强度因子为参量的裂纹起始准则。而对于非线性弹性断裂问题，有许多学者采用能量平衡分析方法来分析。20世纪20年代，Griffith提出物体在受到外力时，体内吸收外力做功，转变为物体体系内的弹性应变能，但裂纹萌生时，物体内存的弹性能释放（降低一部分）而产生出断裂形成的两个新表面的表面能。

在断裂力学中，裂纹按照受载形式、扩展途径可分为三类即张开型、滑开型和撕开型，如图4.31所示。张开型特点为：承受与裂纹面垂直的正应力σ，裂纹张开沿y方向。滑开型特点为：承受xy面内剪切应力τ，裂纹面位移沿x方向滑开。撕开型特点为：承受yz面内剪切应力，裂纹面位移

沿 z 方向撕开。对于纺织品材料而言，织物沿轴向的拉伸断裂属于张开型破坏模式，织物的摩擦磨损属于滑开型破坏模式，织物的撕裂断裂属于撕开型破坏模式。

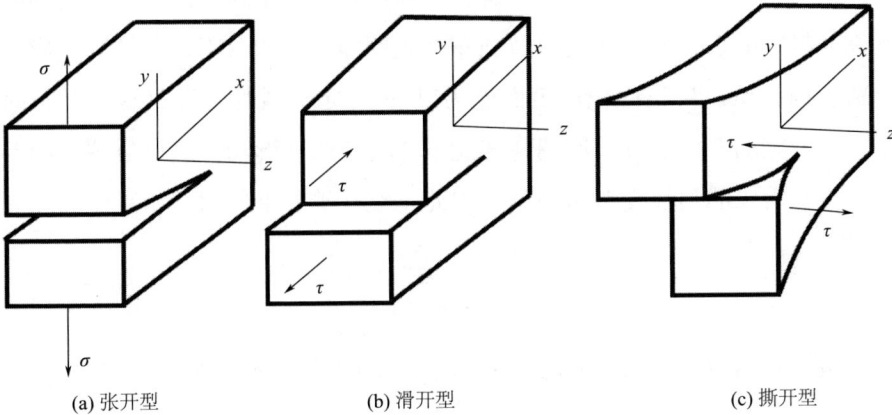

(a) 张开型　　　　　　　　(b) 滑开型　　　　　　　　(c) 撕开型

图 4.31　裂纹扩展途径

对于线弹性断裂力学行为，以张开型裂纹产生和扩展形式为例，采用应力场强度分析法，即裂纹扩展的临界状态是裂纹尖端的应力场强度因子 K_1 达到材料的临界值。K_1 表达式为：

$$K_1 = Y\sigma\sqrt{a} \qquad （4-11）$$

式中：Y 为几何形状因子，随试样的形状、裂纹的形状及应力加载方式的不同而改变，Y 值在 $1 \sim 2$；σ 为外加应力；a 为裂纹半长度。

当外加应力或原裂纹半长度增加时，导致裂纹尖端处主应力增加。K_1 增加到某一个值时，裂纹尖端区域达到使材料分离的应力，从而导致裂纹迅速扩张，这时的 K_1 值称为应力场强度因子临界值，记作 J_c，称为断裂韧性。断裂韧性是材料断裂性能的指标，与材料本身的结构组织有关，而与外加载荷无关。给定的材料其断裂韧性是固定的，因此有：

$$J_c \geqslant K_1 = Y\sigma\sqrt{a} \qquad （4-12）$$

式（4-12）表示，当应力场强度因子达到材料的断裂韧性时，裂纹扩展。

　　而对于非线性弹性断裂力学行为，更多的研究者用能量平衡分析方法诠释其裂纹产生和扩展形式。能量平衡分析方法即材料在裂纹扩展中释放出能量，它补偿了产生新裂纹表面所消耗的能量。裂纹扩展时所消耗的能量包括两类：一是裂纹扩展后，有新表面产生，产生新表面需要消耗的能量称为材料的表面能，假设单位面积新表面能为U_s，由于裂纹扩展产成两个新表面，所以单位面积新表面能为$2U_s$；二是非线性弹性材料在断裂时要发生一定的塑性变形，所消耗的能量称为塑性变形功，假设裂纹扩展单位面积所需要的塑性变形功为U_p。因此，裂纹扩展单位面积所需要的总能量R为：

$$R=2U_s+U_p \qquad (4\text{-}13)$$

　　假设R为材料裂纹扩展所需要的能量，称为裂纹扩展阻抗，因此有：

$$G \geqslant R=2U_s+U_p \qquad (4\text{-}14)$$

　　式（4-14）表明，当材料裂纹产生和扩展系统可以提供的能量大于等于裂纹扩展阻抗时，裂纹才能扩展。

　　利用断裂力学理论，刀具刺割织物的过程其实就是刀具和织物之间能量转化的过程。由织物刺割过程分析可知，除了刀具和织物相对滑移运动产生的摩擦磨损，纬编针织物在刺割过程中主要产生变形和刺割断裂。因此，从能量角度分析，纬编针织物在刺割过程中应力应变能主要表现为变形能和刺割断裂能。织物水平切割过程的形变主要包括压痕、面内剪切变形，织物垂直刺割过程的变形主要包括面外背凸变形及线圈扩张。而织物的刺割断裂包括织物刺割裂口产生及裂口的传播。上节分析了刺割过程中织物的变形特点，织物变形产生的变形能是织物抗刺割能量消耗的一部分，对织物的防刺割性能有很大影响。对于金属等刚性材料，在弹性范围内其弹性模量是不变的，所以一般刚性材料的变形都视为线性弹性变形。由纬编针织物垂直刺割曲线可知，纬编针织物刺割过程的局部变形为非线性弹性变形。关于纬编针织物刺割断裂的研究，先不考虑织物的结构特点，把纬编针织物看成非线性弹性且各向异性的固体材料，织物的刺割断裂用材料的断裂力学理论来解释。

4.4.2　纬编针织物刺割断裂理论

随着纤维及纺织复合材料在工程上的应用，越来越多的学者开始关注和加入纺织织物不同形式下的断裂力学性能研究。许多研究结果表明，纬编针织物整体力学性能主要表现为非线性弹性且各向异性。纬编针织物内部组织结构非常复杂，线圈内纱线几乎呈360°弯曲。在实际应用和研究中，纬编针织物的力学性能不仅要考虑整体物体形态，还要考虑材料的内部结构。因此，纬编针织物的复杂结构决定了纬编针织物力学性能测试的难度。关于纬编针织物的力学性能研究主要集中在以下两方面：

（1）研究纬编针织物结构对力学性能的影响，很多情况下是基于针织物线圈的几何模型的研究，如Pierce模型、G. A. V. Leaf的纬平针线圈模型、针织物增强复合材料的线圈模型、Woodfardt. C的三维1×1罗纹结构模型等。

（2）在外力作用下纬编针织物的拉伸性能研究，例如，Popper研究了在双向拉伸使纬平针织物纱线完全伸直后，织物变形和外载力的关系[177]；Sshanah 研究了纬平针在低载荷下分别沿织物横向和纵向的应力—应变关系，指出拉伸过程中的变形主要包括线圈形状的改变、纱线的延伸及纱线间的滑移[178]。

切割断裂力学研究较多的领域为医学手术、农业收割、机械加工（如切割）等，Mahvash等将可变形体的切割过程描述为三种形式能量的互相转换：变形体的弹性能；刀具运动做功；切割断裂能。断裂阻抗是材料的重要参数，定义为材料产生单位面积新表面所需要的能量，表征材料阻止裂纹产生和扩展的能力[179]。Lake等利用剃须刀对橡胶材料进行切割实验，评价了两种不同切割形式下橡胶材料的断裂阻抗，并指出橡胶材料的切割阻抗随试验条件的改变而变化[180]。关于织物的切割断裂力学研究几乎未见报道，借鉴其他领域关于材料抗切割断裂性能的研究，结合材料断裂力学原理，本部分利用能量平衡分析方法对纬编针织物的切割断裂理论进行研究。

4.4.2.1 纬编针织物的破裂能

由纬编针织物刺割特征曲线和刺割过程分析可知，纬编针织物的刺割断裂过程显示出材料断裂力学的特点，纬编针织物刺割断裂主要包括刺割破裂阶段（即裂纹产生）和刺割阶段（即裂纹扩展）。纬编针织物刺割破裂阶段即织物和刀具直接接触的地方由于外力做功产生变形，在变形阶段所产生的变形能并没有释放而是储存在织物内，当聚集的能量已经达到织物局部所能承受的最大值，织物瞬间迅速释放能量而产生裂纹，此阶段由于时间很短，刀具和织物间没有能量交换。当刀具刺割织物时，迫使织物破裂所需要的能量称为破裂能。因此，不考虑织物刺割试验的初始夹持力，织物的破裂能主要来自织物破裂前刀具对织物做功，也等于织物破裂前的变形能。

$$W_b = W_c \tag{4-15}$$

$$W_c = \int_0^a \left(f_c + f_f \right) \mathrm{d}x = \varLambda \tag{4-16}$$

式中：W_b 为织物刺割破裂能（J）；W_c 为刀具外力做功（J）；$\varLambda$ 为织物破裂前的变形能（J）。

刀具外力做功可通过织物破裂前刺割力—位移曲线积分求得，即从刀具和织物初接触点0点到组织破裂点a点曲线范围内的积分。因此，织物的变形能及织物破裂能均可以用刺割力—位移曲线求得。对于不同刺割条件、织物结构和刀具形状，纬编针织物所需要的刺割破裂能是不同的。同时，刺割破裂能的大小也反映出织物的抗刺割性能，刺割破裂能越小，织物越容易割断。表4.5为不同参数下织物的刺割破裂能，对于纬编针织物，双面织物比单面织物具有更好的防刺割性能；同一织物组织结构，45°斜切需要最大的刺割破裂能；和前面的分析一致，织物的叠层可以增加织物的厚度，但是叠层织物的刺割破裂能并不是随着织物层数的增加而呈线性增加；刺割速度影响着织物的刺割破裂能，但是存在临界速度即当刺割速度达到一定值时，织物的刺割破裂能则逐渐降低。

表 4.5　不同参数下织物的刺割破裂能

测试参数	参数设置	刺割破裂能 / (N·mm)	
		平均值	方差
织物结构	纬平针	27.93	2.01
	满针罗纹	148.13	1.05
织物方向	纬向	148.13	1.05
	经向	193.23	1.17
	45°斜向	216.64	1.65
织物厚度	单层	193.23	1.25
	双层	295.21	2.15
	三层	330.03	1.63
刺割速度	5mm/min	187.24	1.16
	20mm/min	194.67	1.67
	60mm/min	224.19	2.05
	150mm/min	193.23	1.25

4.4.2.2　刺割断裂阻抗

由断裂力学理论可知，裂纹的扩展是由于提供给材料的能量大于材料的裂纹扩展阻抗即形成单位面积新表面的表面能和裂纹扩展时产生的塑性变形功。纬编针织物的刺割阶段即裂纹扩展阶段，织物和刀具直接接触的地方由于外力做功，织物产生刺割断裂新表面和塑性变形功。产生单位面积新表面所需表面能和塑性变形功称为织物刺割阶段的刺割阻抗 R。刺割阻抗是材料防刺割断裂性能的指标，与材料本身有关。针对纬编针织物的垂直刺割试验，在 Atkins 的理论分析基础上对纬编针织物的刺割阻抗进行计算。由纬编针织物刺割过程分析可知，不考虑织物初始加持力，整个刺割过程中外部对织物提供的能量主要来自两部分：一是刀具和织物刺割滑移过程中的摩擦力做功；二是刀具对织物的刺割力做功。在刺割过程中织物所消耗的能量主要分为三部分：一是刀刃和织物接触面产生变形而存储的弹性应变能；二是被切开织物产生新表面所需要的表面能；三是刺割过程中织物非弹性因素影响所损耗的一切非弹性应变能。因此，织物刺割过程中的能量平衡方程如下：

$$W_{all}=W_c+W_f=\Lambda+RdA+\Gamma \qquad (4-17)$$

式中：W_{all} 为外力做功产生的总能量（J）；W_c 为整个刺割过程中刀具所提供的刺割力做功（J）；W_f 为刺割过程中刀具和织物之间滑动摩擦力做功（J）；Λ 为刀刃和织物接触区域产生的变形而存储的弹性变形能（J）；dA 为产生刺割裂纹新表面的面积（cm^2）；R 为织物的刺割阻抗（J/cm^2）；RdA 则用于计算织物产生新表面时所需要的表面能（J）；Γ 为织物非弹性因素所消耗的能量（J），统一归为非弹性应变能。

织物刺割过程中的非弹性应变能包括织物的黏弹性、刺割过程中的塑性应变及微细裂纹等因素所消耗的能量，这些在试验中很难测到，但又实际存在，给计算带来难度。Doran 等通过生物膜材料的刺割试验研究了应变能对膜材料刺割失效的贡献，研究指出，如果刀具足够锋利，刺割过程中这些非弹性应变能可以忽略不计。但是如果刀具是钝器，接触过程中刺割应变可以忽略，而产生的蠕变、塑性流及微裂纹对材料结构的影响等因素占主导作用[181]。因此，纬编针织物刺割过程中将不考虑非弹性应变能，能量平衡公式将改成：

$$W_c+W_f=\Lambda+RdA \qquad (4-18)$$

因此，可求得织物的刺割阻抗的表达式为：

$$R=\frac{W_c+W_f-\Lambda}{dA} \qquad (4-19)$$

刀具对织物的外力做功（W_c+W_f）可以通过整个刺割过程力—位移曲线积分求得。织物弹性变形应变能 Λ 即织物刺割过程中，刀具挤压织物试样，使得刀刃前织物发生变形，以弹性应变能的方式存储于织物变形区内。分为两个部分：一是刺割破裂前的织物变形；二是刺割阶段即刺割裂纹扩展阶段的织物变形。织物破裂前的弹性应变能较大，且随刀具位移的增大而增大，但是当织物刺割破裂时，变形区内大量的弹性变形能被释放。在平稳的刺割阶段，刀具挤压组织，刀刃前的织物仍然有弹性变形区，由刺割试验力—位移曲线可知，此阶段织物变形较小也比较稳定，只是在织物完全刺割断裂前，变形区域越来越小，因此，织物刺割阶段的变形能可以看成常数，理论上等于刺割破裂后的剩余弹性变形能，但是剩余弹性变形能比较难计算。

胡伟忠通过医学手术对生物软组织的刺割性能研究中给出了稳定刺割阶段变形区弹性应变能的测试方法，他提出，当材料进入稳定刺割阶段的某个点时，停止刀具运动，然后将刀具退回，直到刀具与材料完全分离，记录刀具与材料间的相互作用力[125]。新曲线积分即为材料稳定刺割阶段的弹性变形能，但是作者忽略刀具退回过程中的摩擦力做功。新表面面积dA即刺割过程中织物被切开产生两个新表面的面积。当织物被完全割断时，有$dA=2l_cx$，式中，l_c为织物整个切口长度，x为织物厚度（切口宽度）。稳定刺割阶段中刺割长度的计算可以用刀具位移减去织物弹性变形距离。织物破裂前没有刺割长度，当织物破裂时，织物产生一定刺割长度Δl，$dA=2\Delta lx$，释放部分弹性能。在稳定刺割阶段，刺割长度则等于刀具位移l减去织物弹性变形距离l_t，如图4.32所示，$dA=2x\ (l-l_t)$。织物弹性变形距离可以利用测量稳定刺割阶段弹性变形能的方法求得。

由以上分析可知，根据材料断裂力学理论，纬编针织物的刺割断裂主要包括织物刺割裂纹产生所需的刺割破裂能和织物刺割裂纹扩展所需要消耗的能量。织物的刺割破裂能是织物防刺割性能的一个重要指标，它的大小能够反映织物抵抗刺割裂纹产生的能力。刺割阻抗是织物抵抗刺割裂纹扩展的能力，一般包括刺割断裂产生单位面积新表面的表面能和裂纹扩展时材料的塑性变形功，为了简化织物刺割断裂的理论分析和计算过程，我们把织物的刺割阻抗定义为织物刺割断裂过程产生单位面积新表面的表面能，并介绍了织物切割

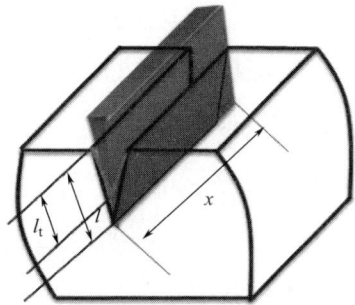

图 4.32   稳定切割阶段切割长度
计算示意图

阻抗的计算方法。织物的刺割阻抗是其固有的力学性能，与织物本身力学性能有关。

4.4.3 刺割过程能量守恒

纬编针织物的刺割物理现象也可分为三个阶段：变形阶段、破裂阶段和稳定刺割阶段。根据材料断裂力学的能量平衡分析方法，外力做功转变成织物刺割过程的内应变能。因此，纬编针织物刺割过程中的能量转化特点及每个阶段的能量计算方法值得研究和探讨。

4.4.3.1 变形阶段

刀具和织物初接触时，不管是水平切割还是垂直刺割，刀具对织物施加两个正交垂直方向的外力——摩擦力和刺割力。如果不考虑织物非弹性应变因素，外力做功使织物产生弹性应变能。由于织物没有被割破，则没有能量损耗。弹性应变能存储和集聚在织物内，因此有：

$$W_{all}=W_c+W_f=\Lambda \qquad (4-20)$$

在纬编针织物切割破裂前，织物发生很大的变形，表现为织物和线圈结构发生明显的变化。由垂直刺割的位移—力曲线可知，刺割力随刀具位移呈现出典型的非线性J型曲线特征。Simone等则采用二阶多项式对生物软材料刺割破裂前变形阶段的刺割力—位移曲线进行拟合，并指出二阶多项式能够很好地拟合刺割试验变形阶段的曲线特点[182]。本文采用二阶多项式函数对纬编针织物垂直刺割试验变形阶段的J形曲线进行拟合，二阶多项式函数关系式为：

$$F=c+bx+ax^2 \qquad (4-21)$$

式中：x为刀具位移（cm）；a、b、c分别为织物抗刺割性能的相关系数，受织物结构及刺割测试参数的影响。

图4.33为纬平针和满针罗纹织物的刺割试验变形阶段力—位移曲线的二阶多项式拟合。由图可知，上述二阶多项式能够很好地拟合织物刺割试验变形阶段的特征曲线，拟合度分别为0.9778和0.9765。纬平针和满针罗

纹织物刺割变形阶段的二阶多项式函数分别为：

$$F=1.715-1.353x+0.302x^2 \tag{4-22}$$

$$F=3.475-1.955x+0.247x^2 \tag{4-23}$$

织物改变或刺割参数改变，二阶多项式的系数则不同，关于各因素对二阶多项式函数系数的影响规律还有待进一步研究和探讨。

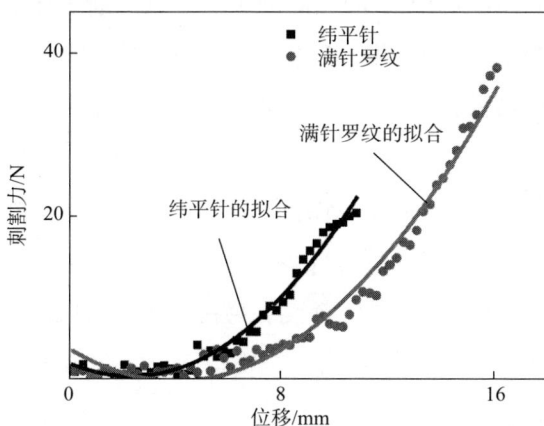

图 4.33　纬平针和满针罗纹织物的刺割试验变形阶段力—位移曲线的二阶多项式拟合

由织物垂直刺割试验的位移—力曲线分析指出，织物刺割过程中织物变形阶段的最大位移即破裂位移L_a也是织物防刺割性能的重要指标，破裂位移不仅和织物本身性质有关，也受到刺割条件的影响。织物的垂直刺割试验指出，织物变形元素较多且较复杂，包括织物背凸和线圈扩张等，织物防刺割性能受到许多参数的影响，如刀具形状、材质、切割速度、切割角度、织物材料、织物方向性、织物结构等。因此，建立统一的理论模型来确定织物刺割变形阶段和变形程度是非常困难的。

4.4.3.2　破裂阶段

当织物与刀具接触点上集聚的弹性应变能越来越多，超过织物所能承受的最大应变能时，织物被刺割破裂。刺割破裂阶段是一个瞬间过程，可假设破裂阶段的时间为0，则不考虑刀具对织物的做功。此时把织物内存储的弹性应变能部分释放产生裂纹，裂纹长度取决于变形阶段织物内存储的弹性变形能的大小及织物的断裂阻抗。根据能量守恒定律，织物刺割破裂阶段能量转换关系如下：

$$\Lambda = 2\,Rl_c d + \Lambda'\qquad(4\text{-}24)$$

等式左边为织物破裂前体内聚集的最大弹性应变能，是由外力做功提供的。等式的右边有两部分：一是织物产生刺割破口所消耗的能量，这是由织物内在刺割阻抗R决定的，即产生单位刺割新表面的表面能，刺割阻抗大，被割破的长度l_c则小，反之，被割破的长度大；二是剩余的弹性应变能Λ'，在破裂阶段结束时，织物内存储的弹性变形能并没有全部释放出。

由前面的分析可知，织物刺割阶段所产生的弹性变形能几乎不变，为常数，织物破裂阶段结束后则直接进入稳定的刺割阶段，所以织物破裂阶段剩余的弹性应变能直接用于补充织物稳定刺割阶段的弹性变形能。因此，织物剩余的弹性变形能Λ'用于织物稳定刺割阶段刀刃前织物变形区所产生的弹性应变能。

4.4.3.3　稳定刺割阶段

一旦织物刺割破裂，则直接进入稳定刺割阶段。此阶段，刀刃前的织物随着刀具的移动也会存在弹性变形区，但是变形程度很小，且可以为固定值。此阶段产生单位面积裂纹新表面所需要的能量是由外力做功提供的。根据能量平衡原理，这一阶段的能量转换关系如下：

$$W_F=\int_0^l F\mathrm{d}x=\int_0^{l-l_t}2R\mathrm{d}x+K\qquad(4\text{-}25)$$

等式左边为外力产生单位刺割长度所做的功，等式右边包括两部分：一是产生单位面积新表面所需要的表面能；二是稳定刺割阶段产生单位面积新表面前产生的弹性应变能，为固定值，不受刺割裂纹长度的影响，则有：

$$F=2Rd\qquad(4\text{-}26)$$

从式（4-26）可以看出，如果不考虑织物的黏弹性及刺割过程的测试条件的影响，在刺割阶段刺割受力为定值，只与织物材料本身的断裂阻抗有关。这与纬编针织物垂直刺割试验获得的力—位移曲线具有一致性。

通过对纬编针织物刺割过程分析，依据刺割过程的能量守恒原理，可简单模拟出纬编针织物刺割过程中不同阶段的受力公式：

$$F=\begin{cases} a+bx+cx^2, & 0 \leqslant x < L_a \text{（变形阶段）} \\ F_a-2Rd, & x=L_a \quad\quad\text{（破裂阶段）} \\ 2Rd, & L_a < x < x_{max} \quad\text{（刺割阶段）} \end{cases} \quad (4\text{-}27)$$

此纬编针织物刺割受力模型只能用于固定条件下，如选取固定的织物结构和刺割测试条件，而且要忽略测试过程中所消耗的非弹性应变能。织物稳定刺割阶段受力模型忽略了刺割过程中所消耗的弹性应变能，所以此刺割受力模型只适用于断裂阻抗较稳定且较大的织物。

4.5　本章小结

本章通过纬编针织物的直刀片水平切割和尖状刀具的垂直刺割试验，揭示了纬编针织物刺割过程的物理现象。利用材料断裂力学的能量平衡原理，对纬编针织物的刺割过程能量转化特点及不同阶段能量计算方法进行研究，主要工作和结论如下。

（1）根据ISO 13997防护服装用材料防锋利物体切割性能的测试方法对UHMWPE纬编针织物进行水平切割试验，以及按照美国NIJ 0115.00标准中的P1刀具对UHMWPE纬编针织物进行垂直下穿刺割试验，分析刺割参数对纬编针织物的防刺割性能的影响。试验结果显示，不管是水平切割还是垂直刺割，纬编针织物的防刺割性能除了与织物本身有直接关系，包括织物结构、织物经纬向、织物厚度等，还受到测试条件的影响，如刺割速度、刺割角度等。当然影响织物防刺割性能的因素还有很多，如织物测试边界条件、刀具等，但是不管外界因素如何改变，织物本身的防刺割物理现象是不变的。

（2）对纬编针织物的刺割过程进行全面剖析。首先是织物刺割过程的受力分析，不管是水平刺割还是垂直刺割，织物主要受到两个正交垂直方向的外力——刺割力和摩擦力。其次，对织物刺割过程的破坏形式进行分析，织物的刺割过程经历了织物的变形、织物和刀具接触面的摩擦磨损、织物刺割破裂的产生、织物刺割裂纹的扩张到最后完全的刺割断开失效。再次，试验表明摩擦力是织物刺割过程中重要的力组成，以能量消耗的形式对织物的防刺割性能起贡献作用。利用摩擦学理论，研究刺割过程的摩擦机理，织物刺割过程的摩擦效应包括刀具和织物间的摩擦以及纱线间滑移摩擦。最后，对织物垂直刺割过程的变形特征进行研究，包括织物背凸和线圈扩张。

（3）利用断裂力学理论能量平衡原理，揭示织物的刺割断裂机理。纬编针织物的刺割断裂包括裂口的产生（织物的破裂能）和裂口的扩张（织物的刺割阻抗），并给出刺割阻抗的计算方法。根据能量平衡理论，分析刺割过程各阶段能量之间的转换关系，并建立各阶段织物受力的简单力学模型。

纬编针织物是一个整体和内在结构都很复杂的材料，从纤维选择、纱线结构到织物结构的多样性，都给多角度研究织物的抗刺割断裂性能带来很多的困难。本章研究纬编针织物的刺割断裂机理时，虽然假设织物材料为非线性弹性材料，但是在理论分析中简化了材料刺割断裂时的非弹性应变能。纬编针织物刺割过程的分析和刺割断裂机理的研究方法给其他纺织结构及其复合材料刺割机理的研究提供了理论指导。

第5章　STF/UHMWPE 纬编针织物柔性防护材料的防刺割性能研究

　　剪切增稠液（STF）是纳米颗粒和有机溶剂物理混合而成的具有很大黏度类似胶状体的悬浮液，因此具有很好的渗透性和界面黏附性。STF以表面黏附和填充织物缝隙的形式和高性能纤维织物复合形成柔性复合材料，它的作用原理即稳定条件下以液体的形式存在于织物内，使复合材料像原织物一样柔软可折叠，但是一旦受到外力作用，织物内的STF黏度呈几个数量级的增加成为类固体，使织物变得坚硬，从而抵抗外力对织物的破坏。当外力稳定后，STF则慢慢恢复液体状态，复合材料则重新恢复柔软状态。因此，STF的出现打破了防护装备防护性能和织物柔软灵活性相矛盾的历史性难题。

　　由于测试条件及仪器的限制，前期研究人员只能通过STF的流变性能来解释和表征STF的剪切增稠特性。尽管STF/纺织织物柔性复合材料的防护性能已经研究了很多年，且证实STF/纺织织物柔性复合材料的防护性能得到显著提高，但是关于STF、高性能纤维织物各自在STF/高性能纤维织物复合材料中所发挥的作用及相互的协同作用还没有得到确切的解释。因此，本章在上述三章研究的基础上，通过STF/UHMWPE纬编针织物柔性防护材料的防刺割性能的试验研究，揭示在切割作用力下STF的增稠特性和STF/UHMWPE纬编针织物柔性复合材料防刺割性能的协同效应，阐述STF/UHMWPE纬编针织物柔性复合材料的抗切割机理，对现今还不完善的柔性防护材料防护机理的研究进行补充和理论指导。

5.1 STF/UHMWPE 复合纱线切割性能研究

不管是纤维织物还是STF/织物柔性复合材料，其防护性能主要依赖于组成织物的纤维和纱线的力学性能。近年来，一些学者通过自己搭建或改造纺织材料力学试验仪器研究纱线的切割性能，但是关于STF/高性能纤维复合纱线的力学性能研究还少见报道。本节利用第 3 章UHMWPE纱线的切割测试设备研究STF/UHMWPE复合纱线的切割性能，为STF/织物柔性复合材料防切割性能的研究和提高提供理论依据。

5.1.1 STF/UHMWPE 复合纱线的制备

（1）STF。本次测试所制备的STF采用两种不同配方的分散体系，分别用STF1和STF2表示。STF1和STF2的分散介质是相同的，为PEG200和PEG400体积比为1∶2的复配液。STF1的分散相是粒径为690nm的球形二氧化硅颗粒，其固含量为75%。STF2的分散相包括两类纳米颗粒，一是粒径为690nm的球形二氧化硅颗粒，其固含量为70%；二是直径为5~20μm，厚度为1~5nm的片状石墨烯颗粒，其固含量为5%。制备方法见2.2.2节。

（2）纱线。UHMWPE弱捻长丝纱，纱线的具体结构参数见3.2.1节。

（3）STF/UHMWPE复合纱线的制备。

①用无水乙醇（AR95%）稀释STF分散体系，稀释体积比为3∶1。

②纱线放入被稀释后的STF溶液内，超声浸泡2h。

③从STF稀释溶液里取出纱线放在烘箱里，烘箱温度设置为80℃，放置12h以去除无水乙醇。

STF/UHWMPE复合纱线的基本参数见表5.1，用SEM观察纱线的微观结构，如图5.1所示。STF分散到纱线的表面和纱线纤维束间隙内，填补了纱线内部纤维间的孔隙，但纱线表面有颗粒团聚现象。另外，STF/UHWMPE复合纱线的表面由于纳米颗粒的黏附变得较粗糙。

表 5.1　STF/UHWMPE 复合纱线的基本结构参数

纱线类型	化学成分	纱线细度 / tex（旦）			STF 含量 / %	
		净 UHWMPE 纱线	STF1/ UHWMPE 复合纱线	STF2/ UHWMPE 复合纱线	STF1	STF2
U(F)	UHMWPE	44.4（400）	75.6（680.6）	74.3（669）	70.2%	67.3%

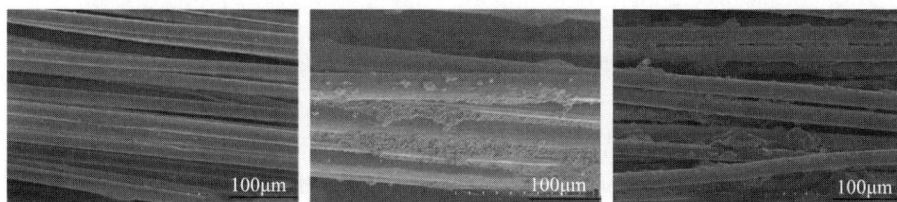

(a) UHMWPE弱捻长丝纱　　(b) STF1/UHMWPE复合纱线　　(c) STF2/UHMWPE复合纱线

图 5.1　纱线微观形貌

5.1.2　切割测试设备与方法

STF/UHMWPE复合纱线切割测试设备与方法参照3.2.1节。

5.1.3　结果与讨论

5.1.3.1　STF的流变性能

STF1和STF2的流变性能如图5.2所示。作为流体它们的不同特性符合一些具体的幂律函数，如剪切速率和剪切应力之间的关系如下：

$$\sigma_s = K \cdot (\gamma)^n \tag{5-1}$$

有：

$$\sigma_s = F/s \tag{5-2}$$

式中：F 为剪切力（N）；s 为接触面积（cm²）；σ_s 为剪切应力（N/cm²）；K 和 n 为常数；γ 为剪切速率（s⁻¹）。

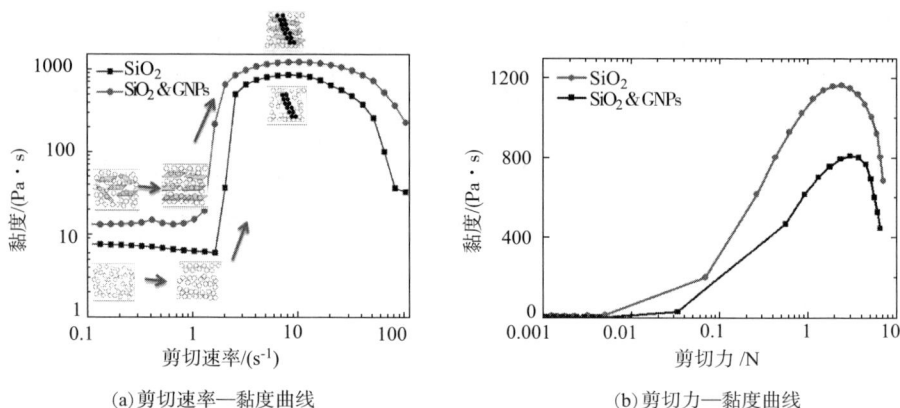

(a) 剪切速率—黏度曲线　　　　　(b) 剪切力—黏度曲线

图 5.2　STF1 和 STF2 的流变性能

由图 5.2 可知，随着剪切速率或剪切力的增加，STF1 和 STF2 都出现增稠效应，即达到临界速率后，STF 的黏度急剧增加，STF 由液体转变成类固体。且 STF1 和 STF2 均在较小的剪切力范围下发生剪切增稠现象。比较 STF1 和 STF2 的流变曲线，加入少量片状石墨烯的 STF2 有更好的剪切增稠效果，主要表现为：

（1）随着临界剪切速率或剪切力的减小，STF 能够提早出现增稠效应。

（2）在剪切初期，没有剪切变稀现象。

（3）STF2 剪切过程的黏度均大于 STF1，黏度大意味着类固化进程快，相应的力学性能较好。

片状结构的石墨烯比表面能较大，和球形颗粒的相互作用力增加，便于剪切过程中颗粒间的凝聚。

（4）纳米级石墨烯片状结构能够填充球形颗粒间的孔隙，使团聚颗粒更紧密，所以 STF2 具有很好的剪切增稠效应。

5.1.3.2　STF/UHMWPE 复合纱线的切割性能

图 5.3 所示为两种配方的 STF/UHMWPE 复合纱线的抗切割性能。不管是正交垂直刺割还是斜向切割，STF/UHMWPE 复合纱线最大抗切割力均

大于纯UHMWPE纱线，STF的加入提高了纱线的抗切割性能，但是由于切割条件的不同，增量略有不同。片状石墨烯的加入使STF分散体系的流变性能提高，STF2/UHMWPE复合纱线的抗切割性能也更优良，验证了STF的剪切增稠特性和STF复合纱线抗切割性能的同步效应。

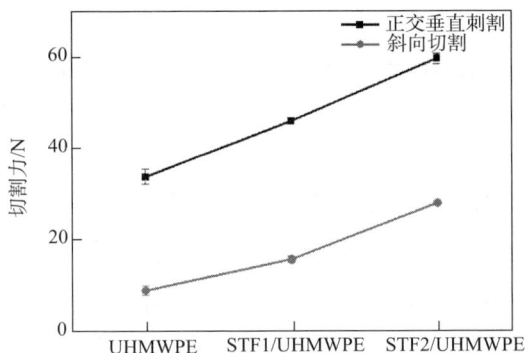

图 5.3　两种配方的 STF/UHMWPE 复合纱线的抗切割性能

STF/UHMWPE复合纱线抗切割性能的提高主要表现为STF的加入及切割过程中STF的剪切增稠性。由第 2 章STF的力学性能研究可知，STF在法向力学行为模式下也会产生局部增稠效应，STF由液体转变成类固体即STF抵抗法向应力值急剧上升。STF/UHMWPE复合纱线切割断头的SEM图显示复合纱线的纤维断头被STF所覆盖，形成保护液膜，这也证实纱线表面和纱线内纤维间的STF在切割过程中随着刀具切割移动而凝聚。另外，由于纱线表面无机SiO_2和石墨烯的覆盖，复合纱线的切割断头截面形变较小，暗示了明显的脆性断裂特征，如图5.4所示。此外，STF可增强纱线的抗切割性能还有一些其他原因：

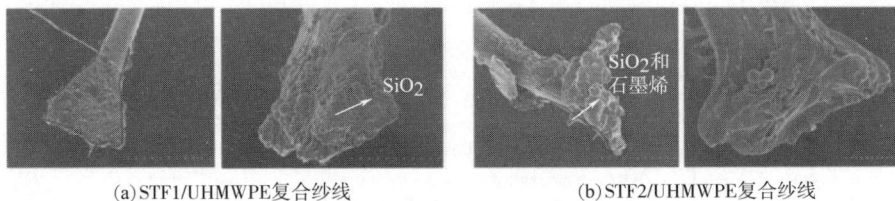

(a) STF1/UHMWPE复合纱线　　　　(b) STF2/UHMWPE复合纱线

图 5.4　复合纱线的纤维切割断头微观形貌

（1）由于分散颗粒的硬度很高，在切割过程中使刀具钝化，刀刃切割作用减弱。

（2）复合纱线的表面及内部的STF增加了纱线的粗糙度，切割过程复合纱线的摩擦力增加。

5.2　STF/UHMWPE 纬编针织物柔性防护材料的制备

STF/UHMWPE纬编针织物柔性防护材料的制备即将STF与UHMWPE纬编针织物进行复合。目前常见的复合方式主要有两种：一是将STF直接涂覆在织物表面，此方法仅是两种材料的简单界面黏覆，由于STF是高浓度悬浮液状态类似于胶状体，STF的流动性很差，STF只能停留在织物的表面，很难进入织物的纤维束内；二是用无水乙醇稀释STF，采用浸泡复合工艺，最后烘干挥发掉无水乙醇，STF能够完全进入织物的纤维束内。因此，本章采用第二种方法进行柔性防护材料的制备。复合工艺的关键点包括：无水乙醇和STF的稀释比；STF在柔性复合材料中的均匀性；STF的含量。

5.2.1　试验材料和设备

试验材料和设备分别见表5.2和表5.3。

表 5.2　STF/UHMWPE 纬编针织物柔性复合材料制备的试验材料

材料名称	规格	来源
UHMWPE 纬编针织物	纬平针组织，弯纱深度为80，具体见表4.1	自制 +
	满针罗纹组织，具体见表4.1	
无水乙醇（分析纯）	AR95%	国药集团化学试剂有限公司
STF	SiO_2 粉末：80nm、250nm、650nm PEG200 ∶ PEG400=1 ∶ 2 固含量：75%	自制

表 5.3　STF/UHMWPE 纬编针织物柔性复合材料制备的试验设备

设备名称	规格或型号	生产厂家
电热鼓风干燥烘箱	101A-1B 型	上海安亭科学仪器有限公司
轧布机	P-AO 型	佛山亚诺精密机械制造有限公司
电子天平	AL204 型	Mettler Toledo 公司
超声仪器	SK3200H 型	上海科导超声仪器有限公司

5.2.2　制备工艺

如何将STF充分且均匀地渗透到织物内，从而达到最佳复合状态是制备STF/织物柔性防护材料的关键。具体步骤如下。

（1）将UHMWPE纬编针织物裁剪成尺寸为25cm×50cm的试样，放入温度为60℃的鼓风烘箱中干燥2h后取出称取重量。

（2）按照一定的体积比用无水乙醇稀释STF，无水乙醇的用量是一个必须考量的因素，是影响复合效果的重要工艺参数。如果无水乙醇体积含量较少，起不到稀释效果且STF在溶液里很快会沉积；如果含量过多，复合后的织物内STF含量就较少，且去除无水乙醇的时间较长，对织物会产生加热损伤。蒋玲玲调查了STF与无水乙醇的稀释比对UHMWPE平纹织物/STF柔性复合材料防刀刺性能的影响。对试验结果进行综合评价可知，STF与无水乙醇按照体积比1：3的比例进行稀释，复合材料的防刀刺性能最好[183]。因此，本课题采用无水乙醇和STF的体积稀释比为3：1。

（3）将干燥好的织物浸泡在无水乙醇稀释后的STF溶液里，为了让STF能够充分且均匀地进入织物纤维束内，超声振动10min左右。

（4）取出浸渍好的织物，用轧布机在一定的压力下除去织物内多余的液体。

（5）将STF/UHMWPE复合织物置于60℃鼓风烘箱内24h，除去无水乙醇。

（6）将干燥后的STF/UHMWPE复合织物称重，记录STF的含量，放入密封袋中保存备用。

　　制备好的STF/UHMWPE纬编针织物柔性复合材料可以从重量、厚度、柔韧性及表观形貌等方面表征和分析其基本性能。根据文献记录，STF复合后的织物较纯织物厚度方向变化较小，厚度增加率约为5%，如果不单独研究STF含量对STF复合织物的防护性能的影响，一般STF的含量控制在50%。通过对复合前后的织物进行柔韧性测试，织物复合前后的急、缓弹角几乎没有变化，说明STF没有改变织物的柔韧性。图5.5为STF/UHMWPE纬编针织物复合材料的宏观和微观形貌图，STF复合后的织物表面覆盖着STF液体而充分润湿织物，STF渗透到单根纱线纤维长丝的孔隙内，但是图5.5（b）也显示出织物内纱线间的孔隙并没有被STF完全填充。由图5.5（d）可以看出，STF内的二氧化硅纳米颗粒具有多分散性，且颗粒尺度远远小于纤维直径，由此可认为STF相对于织物为连续体，STF的添加增加了织物内纤维束间的紧密度和表面粗糙度。

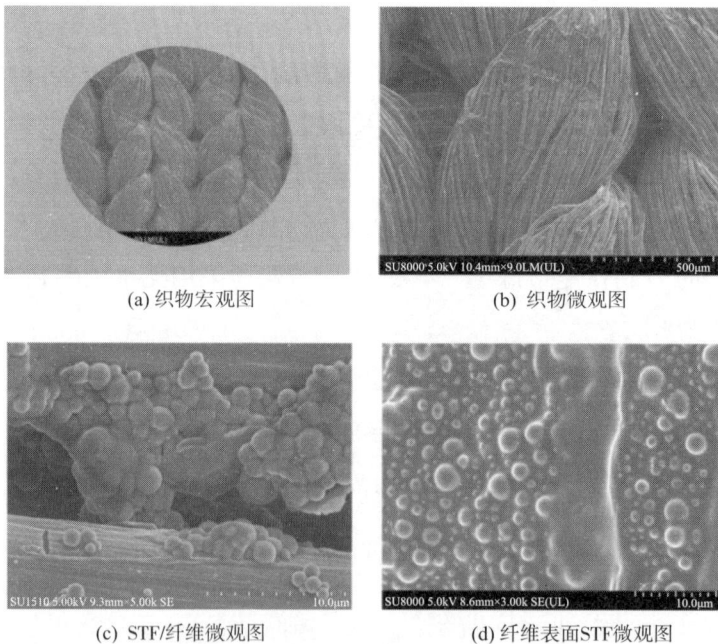

(a) 织物宏观图　　　　　　　　　　　　(b) 织物微观图

(c) STF/纤维微观图　　　　　　　　　(d) 纤维表面STF微观图

图 5.5　STF/UHMWPE 纬编针织物复合材料的宏观和微观形貌图

5.3　STF/UHMWPE 纬编针织物柔性防护材料的防刺割性能

5.3.1　STF/UHMWPE 纬编针织物柔性防护材料的刺割测试

根据第4.2节UHMWPE纬编针织物刺割试验方法，对STF/UHMWPE纬编针织物复合材料同样进行直刀片的水平切割和尖状刀具的垂直刺割试验。试样包括两类：STF/UHMWPE纬平针织物和STF/UHMWPE满针罗纹织物柔性复合材料，具体参数见表5.4。STF复合后的织物厚度变化不是很大，STF在柔性复合材料中的含量控制在55%左右。水平切割试验的试样尺寸为50mm×100mm，而垂直刺割试验的试样为直径为80mm的圆片。根据防护服装用材料防切割性能测试国际标准ISO 13997∶1999，水平切割试验设备为TMD–100防护材料专用切割测试设备。垂直刺割试验通过参考世界上最具权威的美国NIJ5.0防刺性能标准对INSTRON（3385H）万能力学试验仪简单改造和自行设计的附件共同完成，刀具采用NIJ5.0防刺标准的P1刀具。STF/UHMWPE纬平针织物柔性防护材料的切割测试重点研究STF对UHMWPE纬编针织物抗切割性能的影响及STF和纯UHMWPE纬编针织物在其复合材料切割过程中的作用机理。因此，切割参数设置较纯织物切割测试既有相同之处又有不同之处。由于水平切割测试设备的局限性，水平切割测试的切割参数只能设置织物参数，包括织物结构和织物方向性。垂直刺割试验是在INSTRON万能力学试验仪上进行，所以刺割参数除了设置织物参数外，还可以设置测试条件，因此，STF/UHMWPE纬平针织物复合材料的垂直刺割测试以满针罗纹织物为例，刀具沿针织物经向垂直向下穿刺割，刺割参数为织物叠层数和刺割速度。由于STF是一种率敏感性材料，所以重点考察切割速度对STF/纬编针织物复合材料的抗切割性能的影响。STF/UHMWPE纬编针织物柔性防护材料切割测试的主要切割参数及参数值见表5.4和表5.5。与纯织物的切割测试方法一样，在试验过程中，为了研究其中一个参数的影响，通常保持其他条件不变而只改变此参数，且每个参数条件下进行5个试样的重复切割试验。

表 5.4　STF/UHMWPE 纬编针织物复合材料的基本参数

试样名称	厚度 / mm	面密度 / (g/m^2)	STF 含量 /%
STF/ UHMWPE 纬平针	1.15	575	56.7
STF/ UHMWPE 满针罗纹	1.66	1146	58.1

表 5.5　STF/UHMWPE 纬编针织物柔性防护材料切割测试的主要切割参数

切割方式	切割参数	参数值				
水平切割	织物结构	纬平针			满针罗纹	
	织物方向	纬向			45°斜向	
垂直刺割	织物叠层数	单层	双层	三层		
	刺割速度 /（mm/min）	20	60	150	300	500

5.3.2　测试结果与讨论

5.3.2.1　水平切割测试结果与讨论

表5.6为切割速度为150mm/min的纯纬编针织物和STF/纬编针织物柔性复合材料的水平切割测试结果。无论是纬平针织物还是满针罗纹织物，同种织物结构，无论是纬向切割还是斜向切割，STF/纬编针织物柔性复合材料的切割力都大于纯织物。由于单层织物克重较小，材料单位面密度的抗切割性能可忽略。STF/纬编针织物柔性复合材料的水平切割性能与纯织物相似，STF/满针罗纹的抗切割性能大于STF/纬平针的抗切割性能，且斜向切割的切割力大于纬向切割的切割力。图5.6为STF/满针罗纹复合材料和纯满针罗纹织物水平切割失效后的形貌特征，纯织物的切割裂口大于STF/织物复合材料，纯织物表面磨损较严重，织物表面毛羽较多，且织物断口处纤维断头多而乱；而STF/织物复合材料的表面未见毛羽，断口整齐。基于以上分析，STF的添加提高了纬编针织物的抗切割性能。

表 5.6　纯纬编针织物和 STF/ 纬编针织物柔性复合材料的水平切割测试结果

试样	直刀片水平滑移 20mm 距离，织物被完全割破的法向负荷值 /N	
	纬向	45° 斜向
纬平针	3.84	4.06
STF/ 纬平针	5.24	6.57
满针罗纹	8.62	10.8
STF/ 满针罗纹	9.87	12.35

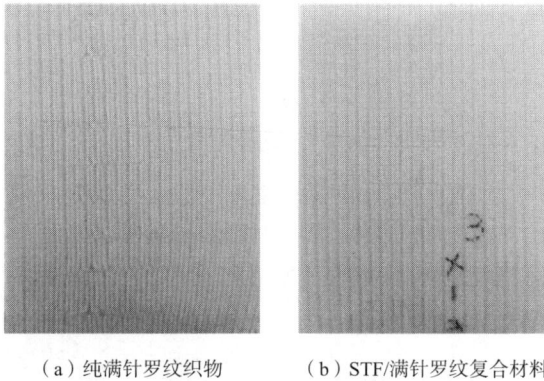

（a）纯满针罗纹织物　　　　　（b）STF/满针罗纹复合材料

图 5.6　纯满针罗纹织物和 STF/ 满针罗纹织物复合材料水平切割失效后的形貌特征

5.3.2.2　垂直刺割测试结果与讨论

图 5.7 为 P1 刀具在刺割速度为 150mm/min 时纯满针罗纹织物和 STF/满针罗纹织物复合材料的位移—力曲线和切割失效形貌图。两者刺割过程的位移—力曲线具有相似的趋势。根据纯织物垂直刺割过程的位移—力特征曲线分析可知，纯满针罗纹织物刺割过程位移—力曲线也包括复合材料初破裂时的刺割力最大峰值、破裂后刺割力的最小峰值、稳定刺割阶段的刺割力平均值及破裂处的刀具位移等特征值。观察 STF/满针罗纹织物柔性复合材料的位移—力曲线，刺割阶段出现逐渐递增的峰值波动现象，这与刀具刺穿过程中，织物内的 STF 在法向力作用下逐渐出现增稠现象有关。由图 5.7（b）可知，两者都出现局部的刺割断口和面外背凸变形，断口形状类似刀具截面，纯织物背凸变形较 STF/织物复合材料的明显，纯织物切割

断口处纤维断头较多，STF复合织物的断口处较平整。

表5.7列出了STF/满针罗纹复合材料和纯满针织物切割过程的各特征值、切割能量及背凸变形量。由表5.7可知，在相同的测试条件下，STF/UHMWPE纬编针织物复合材料刺破裂时的刺割力最大峰值、刺割破裂后的刺割力最小峰值、稳定刺割阶段的刺割力平均值、初刺割破裂处的刀具位移及刺割能量都比纯织物要大。STF/织物复合材料的刺割破裂后刺割力的最小峰值较大即刺割破裂阶段刺割力减少量较小，STF的添加改善了纬编针织物、组成纱线及纤维的各相异性的特点，使STF/织物复合材料的防刺割性能更加稳定。STF/织物复合材料的背凸量则小于纯织物，是因为STF的添加增加了织物的表面摩擦力，且纤维束间的STF类似凝聚固化拘束了纱线的变形。基于以上分析，在刺割速度为150mm/min时，STF的添加有效地改善了满针罗纹织物的防刺割性能。

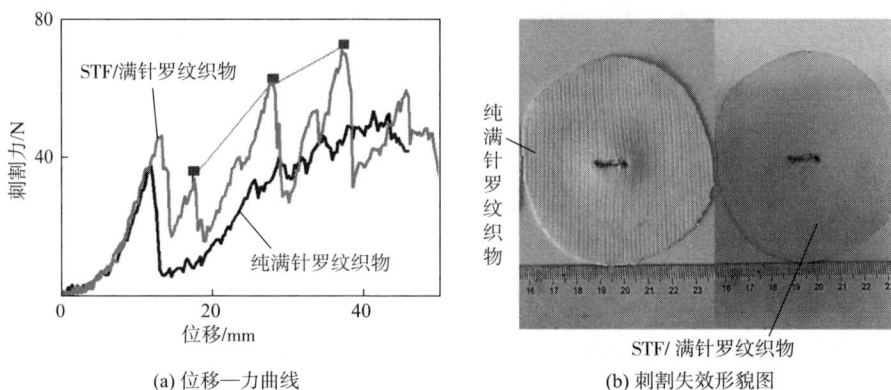

(a) 位移—力曲线   (b) 刺割失效形貌图

图 5.7　纯满针罗纹织物和 STF/ 满针罗纹织物复合材料防刺割性能

表 5.7　STF/ 满针罗纹复合材料和纯满针罗纹织物刺割过程的各特征值、刺割能量及背凸变形量

试样	初破裂时的刺割力最大峰值 F_a/N	破裂后的刺割力最小峰值 F_i/N	初破裂时的刀具位移 L_a/mm	刺割阶段的刺割力平均值 F_c/N	刺割能量 / J	织物背凸 / mm
满针罗纹	38.03	5.76	11.75	39.07	1.23	13.5
STF/满针罗纹	46.7	17.5	13.25	43.5	1.96	9.6

（1）STF复合织物叠层数的影响。由第2章STF的力学性能研究可知，STF在杆状物的法向挤压下产生增稠现象，即当挤压位移达到临界位移时，STF的挤压力剧烈增加。增稠现象受到STF液面高度的影响，当STF液面高度增加时，临界位移减小，STF提前出现增稠现象。织物叠层数增加，STF的体积含量增加，以织物圆形截面积为STF的底面积，则STF的液面高度增加。图5.8为三种叠层数的STF/织物复合材料刺割过程的位移—力曲线。随着织物叠层数的增加，防刺割性能明显提高；当织物叠层数增加至三层时，STF/织物复合材料的位移—力曲线特征发生显著变化，刺割曲线出现连续性响应特点，即随着刀具的位移，STF/织物复合材料的刺割力显示连续增加的趋势，刺割破裂阶段不明显。STF的体积含量及相对高度增加，STF增稠现象的临界位移减小，STF增稠现象弥补了织物刺割破裂阶段的刺割力大幅度降低而使刺割力呈现连续性增加的趋势。STF体积含量的增加改变了复合材料的切割断裂机理，使STF/织物复合材料的切割断裂机理更加复杂化。

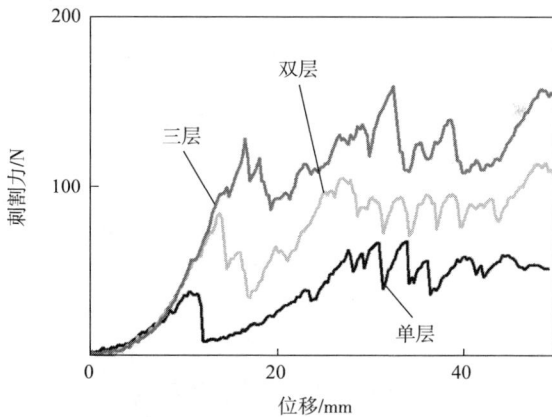

图 5.8　三种叠层数的 STF/ 织物复合材料刺割过程的位移—力曲线

（2）刺割速度的影响。STF是一种率敏感性材料，由第 2 章STF力学性能研究可知，当棒状物沿STF表面法线方向压缩并插入STF液体内时，随着棒状物压缩速度的增加，STF的增稠现象剧烈并且临界压缩位移减小，即STF提前达到增稠现象。图5.9为单层STF/满针罗纹复合材料不同刺割速度下的位移—力曲线。随着刺割速度的增加，STF/满针罗纹复合材料切割破裂处的最大刺割力和破裂位移增加，对复合织物破裂后的平均刺割力则没有太大的影响，且刺割阶段出现相似的逐渐递增峰值波动现象。或由图4.13可知，纯满针罗纹织物随着刀具下移速度的增加，织物刺割破裂最大刺割力先增加后减小，而平均刺割力则相差不大，其中织物在5mm/min和150mm/min刺割速度下具有相似的刺割阶段特征。综合分析可知，纯织物的抗刺割性能随着刺割速度的增加呈现先增加后减小的趋势，而STF/复合织物的抗刺割性能随着刺割速度的增加而增加。另外，刺割速度为500mm/min时的STF/织物复合材料抗刺割性能的提高量远远大于刺割速度为20mm/min时。STF的添加不仅改变了纯织物在刺割过程中受刺割速度的影响，而且随着刺割速度的增加，抗刺割性能出现梯度增加。这是由于随着刀具下移速度的增加，STF提前出现增稠现象。在刺割过程中，刀具高速压缩，纱线间的滑动均可使STF内的纳米颗粒处于高速运动而产生粒子凝聚现象，并且此凝聚粒子团形成的Jamming可以沿运动方向延伸而形成宏观的增稠现象，使其固化。STF的增稠反过来影响织物内纱线的滑移、纤维束的松散性以及织物的孔隙，这些将导致STF和织物整体协同作用，从而影响其复合材料刺割响应状态。

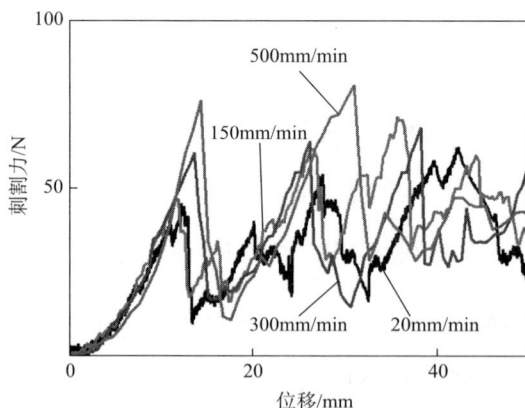

图 5.9　单层 STF/ 满针罗纹复合材料不同速度下的位移—力曲线

5.3.2.3　结论

由以上分析可知，不管是直刀片的水平切割还是尖状刀具的垂直刺割，STF/纬编针织物复合材料的防刺割性能都有不同程度的提高。由于水平切割试验设备和条件的限制，试验结果只能得到切割力数据，即切割速度为150mm/min、刀具水平滑移20mm材料被完全割破时所需的法向负荷，定义为切割力。直刀片水平切割STF/纬编针织物（纬平针和满针罗纹）复合材料的切割力均大于纯织物。且通过试样切割失效后形貌分析可知，STF的添加使材料的切割断裂机理发生改变。比较STF/纬编针织物复合材料的垂直刺割试验和第2章STF的力学性能研究中的准静态挤压试验，STF的受力方向和形式是相同的，均是沿材料表面法线方向向下受力。随着外物准静态挤压速度的增加和STF单位面积下体积的增加，STF的增稠现象提前即临界挤压位移减小。而STF/满针罗纹复合材料随着刺割速度的增加，其刺割破裂最大刺割力较纯织物发生剧烈增加，且STF的添加改变了纯织物受刺割速度的影响方式；随着织物内STF单位面积下体积的增加，复合织物的防刺割性能提高，且复合材料的刺割断裂机理发生改变，刺割破裂阶段没有出现连续性抗刺割断裂现象。

STF/纬编针织物复合材料的法向准静态垂直刺割的防刺割性能由于STF的添加得到提高，抗刺割断裂机理由于STF的添加发生改变。由于两者的结合使得STF/纬编针织物复合材料的刺割断裂机理比较复杂，主要表现在：第一，由第2章分析可知，STF本身具有很好的法向抗冲击性能，随着刀具的下移，STF处于高速率应变状态，使其增稠固化而消耗刺割能量；第二，UHMWPE纬编针织物是由UHMWPE纤维束、纱线线圈、织物结构三种不同物相组成，织物的性能受到纤维、线圈结构、织物结构的影响，STF的添加降低了织物的各相异性特点，使织物趋于连续性和完整性，因而使复合织物刺割过程的稳定性提高；第三，在刺割过程中STF的增稠固化阻碍了纤维间、线圈纱线间、织物和刀具间的相对滑移运动，复合材料整体发挥阻力作用。

5.4 STF 增稠现象和 STF 复合织物防刺割性能的协同效应

STF/UHMWPE纬编针织物复合材料的防刺割性能和纯织物相比有很大改善，但是STF/UHMWPE纬编针织物的刺割断裂机理非常复杂，其刺割断裂机理的焦点主要为STF刺割过程中的增稠现象和STF/织物复合材料防刺割性能的协同效应，目前还未见相关报道。关于两者的协同效应分析主要从以下两方面考虑：

（1）STF是一种率敏感性材料，所以速度对STF和STF/织物复合材料的影响是否具有相关性。

（2）STF的增稠现象对复合材料切割响应过程的影响。

本节将以STF/满针罗纹复合织物的垂直刺割为例，从刺割速度、刺割过程中的摩擦效应及刺割断口形貌分析三个方面分析STF的增稠现象和STF/织物复合材料防刺割性能的协同效应。

5.4.1 刺割速度相关的协同性分析

由第2.3节分析可知，不锈钢棒状物沿STF液面法线方向准静态冲击STF，与棒状物直接接触的STF随着棒子的下移产生局部增稠现象，并且受到冲击速度的影响。在STF/UHMWPE纬编针织物复合材料的准静态垂直刺割试验中，刀具对复合材料的作用形式和棒状物对STF作用形式相似，并且在不同的刺割速度下，STF/UHMWPE纬编针织物复合材料的抗刺割性能也会受到影响。由于施加外力的物体形状不同，材料沿法线方向的力学性能被细分为材料的压缩、冲击、切割、锥刺等性能，不考虑材料受力形式，现在被统一定义为材料的法向力学性能。

图5.10为不同速度下，三种材料法向向下力学性能的位移—力曲线，图5.10（a）是不同速度下满针罗纹织物垂直刺割破裂前的位移—力曲

线，图5.10（b）为STF不同速度下金属棒准静态挤压的位移—力曲线，图5.10（c）是STF/满针罗纹复合材料垂直刺割破裂前的位移—力曲线。由图5.10（a）可知，随着刺割速度的增加，满针罗纹纯织物垂直刺割破裂前的位移—力曲线具有相似的趋势，刺割破裂点的最大刺割力和破裂位移也非常接近，受速度的影响不是很大。由图5.10（b）可知，随着速度的提高，STF增稠现象的临界位移越来越小，到达临界位移后，STF逐渐增稠固化，因此挤压力剧烈增加。图5.10（c）显示STF/满针罗纹复合材料的位移—力曲线较纯织物有了较明显的改变。首先，STF/织物复合材料的位移—力曲线特征和纯织物相比呈线性关系的趋势，而纯织物的曲线特征是典型的J形曲线关系；其次，STF/织物复合材料的刺割破裂位移减小，由于STF的添加，摩擦力的增加使复合材料刺割变形阶段受到阻止；最后，STF/织物复合材料受到刺割速度的影响，速度小于150mm/min时，刺割性能受速度的影响不是很大；当速度大于150mm/min时，STF/织物复合材料的刺割力剧烈增加，增幅很大。

综合上述分析可知，满针罗纹针织物的防刺割性能受刺割速度的影响不是很大，随着刺割速度的增加，刺割过程中织物的位移—力曲线具有相似特征，说明织物的刺割断裂机理是不变的。STF的添加改变了材料的力学属性，复合织物刺割过程位移—力曲线特征发生改变呈近似线性关系，复合材料刺割变形阶段呈现近似线性弹性材料性质。STF/满针罗纹复合材料防刺割性能受速度的影响和STF在不同速度下的增稠现象具有协同效应。由于STF的添加，SiO_2纳米颗粒使织物摩擦性能提高，复合材料刺割变形阶段纱线间、织物和刀具间的摩擦力增加，变形受到阻碍，所以复合材料的刺割破裂位移较纯织物小。当刺割速度小于150mm/min时，观察图5.10（b）可知，STF增稠效应的临界位移大于20mm，也就意味着STF/织物复合材料的刺割变形阶段STF并没有出现增稠固化现象，因此刺割力由于摩擦阻力的增加反而减小。当刺割速度为300mm/min时，STF增稠效应的临界位移迅速减小至7mm左右。随着临界位移的增加，STF逐渐形成增稠固化效应，因此STF的增稠现象大大提高了复合材料的防刺割性能。

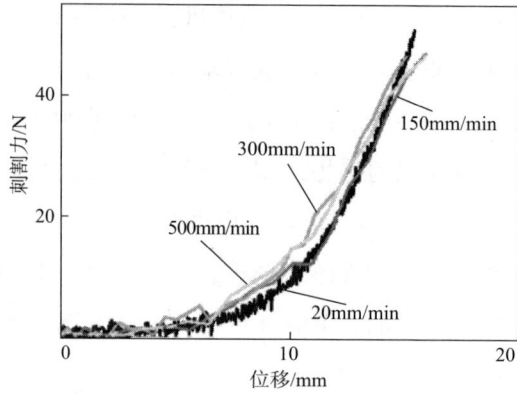

(a) 纯满针罗纹

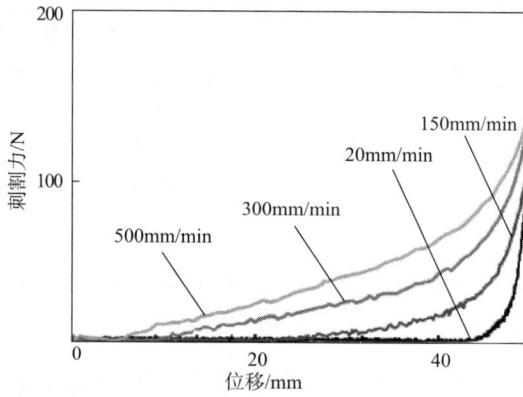

(b) STF

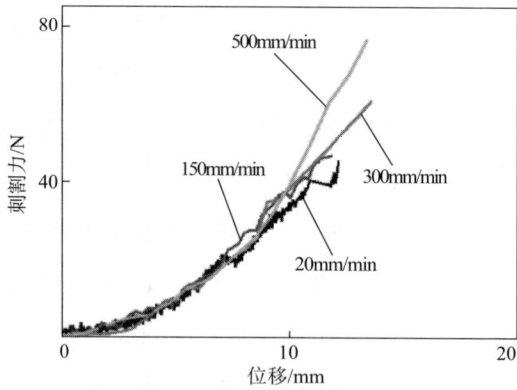

(c) STF/满针罗纹

图 5.10　不同速度下，纯满针罗纹、STF 及 STF/ 满针罗纹复合材料力学性能的位移—
力曲线

由此可以得出如下结论：STF的浸渍不一定对STF/织物复合材料的防刺割性能有较大的提高，只有当STF达到增稠效应的条件后，在STF增稠固化的协同作用下，STF/织物复合材料的防刺割性能才会显著提高。

5.4.2　摩擦效应的协同性分析

纬编针织物及STF/纬编针织物复合材料的防刺割性能受很多因素的影响，目前的研究结果指出，纤维纱线的抗刺割性能、纱线间以及织物和刀具间的摩擦力是纬编针织物及其复合材料防刺割性能的重要影响因素。由本章5.1节分析可知，STF/UHMWPE复合纱线的抗切割力学性能较纯纱线有很大的提高。对于纬编针织物垂直刺割过程，织物变形是纤维织物刺割过程吸能的方式之一，织物背凸变形受到织物和刀具间的摩擦力的影响，而线圈扩张变形受到纱线间滑移摩擦力的影响，因此纱线间滑移摩擦力以及刀具与织物之间摩擦力是影响纤维织物吸能的重要因素。对于STF/UHMWPE纬编针织物而言，STF的添加不仅会使纱线间、织物和刀具间的摩擦力发生变化，而且STF增稠特性会对复合织物刺割过程中摩擦效应产生重要影响。

5.4.2.1　刀具和STF/满针罗纹复合织物间的摩擦性能

刀具和STF/满针罗纹复合织物间的摩擦力的测试如4.3.2.2所述，刀具抽拔过程中所记录的力即为刀具和STF/织物复合材料间的摩擦力。和第2章STF的抽拔力学性能测试比较，材料受到相同的作用力形式，均是垂直向上的载荷。图5.11为不同速度下，纯满针罗纹织物、STF及STF/满针罗纹复合织物三种材料垂直抽拔测试的位移—力曲线。图5.11（a）显示纯满针罗纹织物在不同的抽拔速度下，织物的位移—力曲线，其曲线特征基本一致，垂直刺割过程中刀具和织物间的摩擦力几乎不受抽拔速度的影响。图5.11（b）显示金属杆从STF抽拔出也会产生增稠现象。当抽拔速度为20mm/min时，STF和杆之间几乎没有相互作用力，STF没有增稠现象。当抽拔速度增加至300mm/min时，STF抽拔过程的增稠现象非常明显。图5.11（c）表明添加STF时，位移—力曲线发生改变，且抽拔力受抽拔速度的影响很大，呈梯度增加。图5.11（d）比较了抽拔速度为20mm/min和300mm/min时纯织物和STF复合织物的位移—力曲线，当抽拔速度为

20mm/min时，STF没有产生增稠现象，抽拔力仅提高27.5%；当抽拔速度为300mm/min时，抽拔过程中STF出现增稠现象，抽拔力增加80.9%。由此说明，STF内的SiO$_2$颗粒和STF的增稠特性均可以提高织物和刀具间的摩擦力，但是增稠特性对刀具和织物间的摩擦力贡献更为明显。

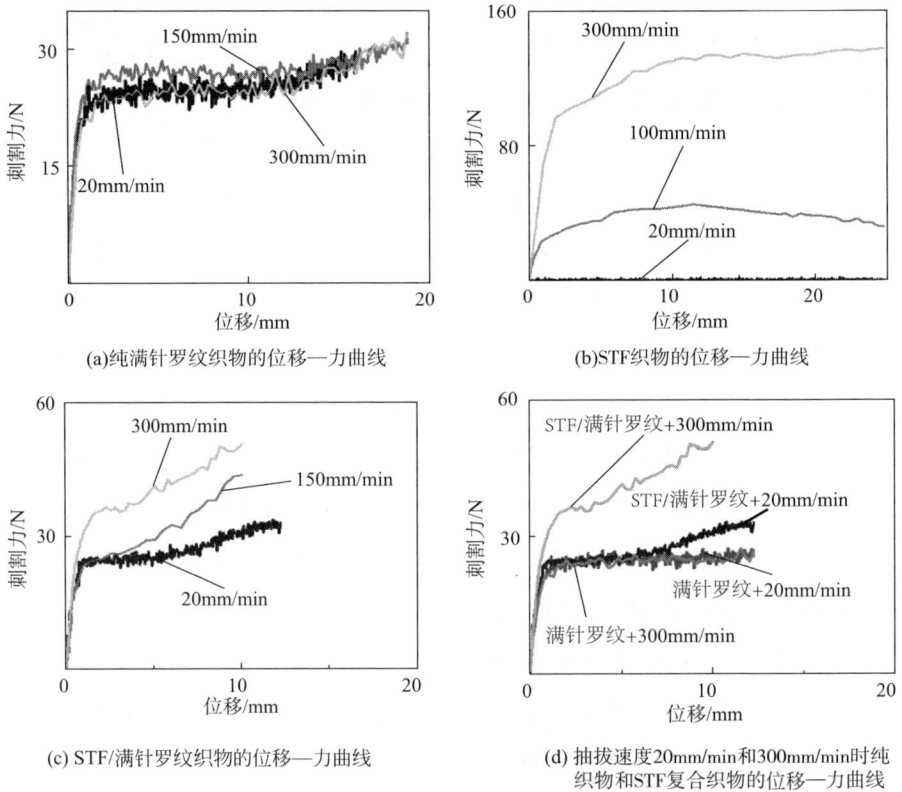

(a)纯满针罗纹织物的位移—力曲线

(b)STF织物的位移—力曲线

(c) STF/满针罗纹织物的位移—力曲线

(d) 抽拔速度20mm/min和300mm/min时纯织物和STF复合织物的位移—力曲线

图5.11　不同速度下，纯满针罗纹织物、STF及STF/满针罗纹复合织物垂直向上抽拔试验的位移—力曲线

表5.8列出了STF/满针罗纹复合织物垂直刺割试验不同速度下的织物背凸量，STF的添加改变了织物表面的摩擦性质，相同刺割速度下，STF/满针罗纹复合织物和刀具间的摩擦力增加，阻碍了织物的面外变形，所以背凸量较小。随着刺割速度的增加，STF显著的增稠特性使复合织物内的STF类似黏稠凝固状，抑制了刀具向下滑移，刀具和复合织物间的摩擦力增加，因此背凸

量减小明显。STF/满针罗纹复合织物垂直刺割过程的背凸量受到STF纳米颗粒和STF增稠特性的双重影响，增稠特性所产生的影响最为显著。

表 5.8　STF/ 满针罗纹复合织物垂直刺割试验不同速度下的织物背凸量

试样	切割速度 /（mm/min）	背凸量 /mm
满针罗纹织物	150	15.9
STF/ 满针罗纹复合材料	20	12.8
	150	10.4
	300	7.6

5.4.2.2　STF/纬编针织物复合材料纱线间的滑移摩擦性能

根据第4.3.2.2纬编针织物线圈纱线间滑移摩擦力的测试方法，研究STF/UHMWPE纬平针织物复合材料的纱线间滑移摩擦性能。图5.12为不同速度下STF/纬平针织物复合材料线圈纱线间滑移位移—摩擦力曲线。随着线圈纱线滑移速度的增加，纱线间滑移摩擦力增加。以线圈脱圈的最大摩擦力为例，纯纬平针织物纱线滑移线圈脱圈的最大摩擦力为4.16N，且不受滑移速度的影响。而STF/纬平针复合织物纱线滑移线圈脱圈的最大摩擦力均大于纯织物，当滑移速度为20mm/min时，线圈脱圈的最大摩擦力为9.72N，提高2.34倍；当滑移速度为300mm/min时，线圈脱圈的最大摩擦力增加到27.95N，提高6.72倍。因此，当纱线的滑移速度为20mm/min时，小于STF产生增稠现象的临界速度，在纱线滑移过程中，STF并没有产生增稠效应，纱线间摩擦力的增加是由于STF内的硬质固体颗粒的作用。当滑移速度为300mm/min时，纱线滑移过程中STF产生增稠现象，因此增稠现象加强了纱线间的摩擦力。

STF/纬编针织物复合材料的垂直刺割过程中，线圈扩张主要受到线圈纱线间的滑移摩擦力的影响，而STF/纬编针织物纱线间摩擦力的增加有两个原因：一是STF内SiO_2固体颗粒加强了纱线间的内摩擦，二是STF的增稠特性加固了纱线间的黏结性，纱线间滑移摩擦力剧烈增加。其中STF增稠特性对纱线间内摩擦的增加贡献最为显著。

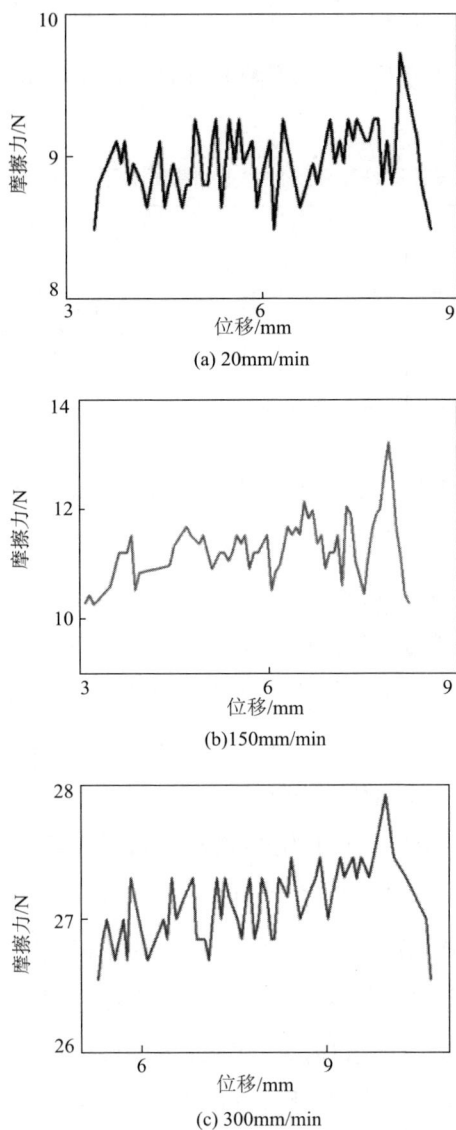

图 5.12　不同速度下 STF/ 纬平针织物复合材料纱线间滑移位移—摩擦力曲线

综上所述，摩擦效应是纤维织物及纤维织物复合材料防刺割性能的重要影响因素，STF和纬编针织物复合提高了材料刺割过程中的摩擦性能，其中刺割过程中STF的增稠特性与其复合材料刺割过程摩擦性能的急剧增加具有协同性。

5.4.3　刺割断口形貌分析

　　纤维束的抗切割断裂性能是织物防刺割性能的关键因素。第 3 章对 UHMWPE 纱线抗切割性能进行了详细研究，纤维的切割断口形貌特征是研究纤维纺织材料切割破坏机理的重要手段。因此，本节通过纤维断口形貌来分析STF/纬编针织物复合材料刺割过程中STF增稠特性与STF/纬编针织物复合材料防刺割性能的协同性。

　　由图5.6和图5.7试样刺割失效形貌可知，无论是水平切割还是垂直刺割，无论是UHMWPE纬编针织物还是STF/UHMWPE纬编针织物复合材料，断口最能体现出纤维材料的刺割断裂特性。纯织物的断口纤维断头较多，织物表面毛羽较多，而STF/纬编针织物复合材料的断口较为整齐干净，几乎没有纤维断头露出，这是由于刺割过程中STF产生增稠效应，STF内的SiO_2颗粒在增稠过程中剧烈流动并沿着切割方向集中团聚而覆盖在纤维的断头处。为了证实以上分析，利用SEM对纤维织物及STF/UHMWPE纬编针织物复合材料的断口微观形貌进行观测。

　　图5.13为UHMWPE纬编针织物试样刺割断口的微观形貌。UHMWPE纬编针织物是由纤维束弯曲成圈并相互串套而成，织物结构不够紧密，纤维束间比较松散，纤维呈现非连续性刺割断裂，因此纤维束的刺割断头不够整齐，呈阶梯状排列，但是纤维断头形状相似，断头平整，且纤维断头末端向外扩张呈扁平状，这是由于黏弹性的UHMWPE纤维在刺割过程中出现黏流性。有些纤维刺割断裂后出现侧向劈裂的原纤化现象，侧向劈裂是纤维抵抗刺割断裂的方式之一，有利于纤维材料的增韧。

　　图5.14为STF/UHMWPE纬编针织物复合材料试样刺割断口的微观形貌。由图可知，STF填充了纤维束间的孔隙，纤维束的刺割断头表面覆盖了一层STF保护薄膜，断口平整。纤维断头末端向外扩张程度较纯纤维小，无机粒子的黏附降低了有机纤维的黏流性，且纤维刺割断裂后没有出现侧向劈裂的现象。单根纤维的断头末端黏附着大量的STF，且能观察到大量SiO_2纳米颗粒团聚现象，这说明刺割过程中STF表现出增稠特性，

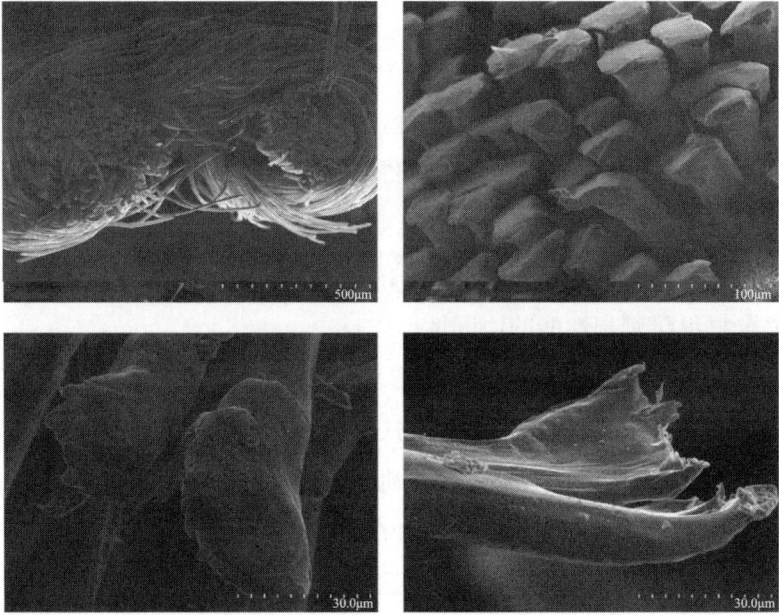

图 5.13　UHMWPE 纬编针织物试样刺割断口的微观形貌

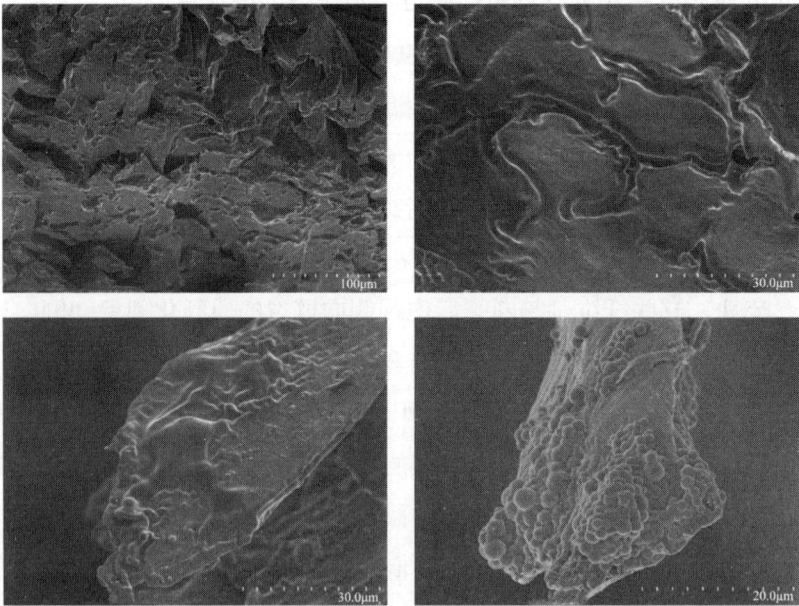

图 5.14　STF/UHMWPE 纬编针织物复合材料刺割断口的微观形貌

使SiO_2粒子在切割应力集中区域迅速团聚以抵抗刀具的入侵，由此表明STF刺割过程的增稠特性和STF/UHMWPE纬编针织物抗刺割性能的协同效应。

综上所述，由于STF刺割过程中增稠现象的协同作用，STF/UHMWPE纬编针织物复合材料的防刺割性能比纯织物有了更显著的提高，且刺割机理变得更加复杂。由于STF的添加、无机SiO_2纳米颗粒黏附在纤维表面提高了纤维间、织物和刀具间以及纱线间的摩擦性，也改变了UHMWPE纤维的材料属性。但是STF复合织物的防刺割性能的提高主要取决于STF刺割过程中的增稠特性，概括如下：首先，STF在刺割过程中的固化过程本身就是刺割能量消耗的一部分；其次，STF的固化增加了纤维织物纤维束间的集束性，使复合材料作为一个整体承载刺割负荷，使纤维刺割呈连续稳定性，增加了纤维束的抗刺割性能；再次，STF的增稠固化，提高了纤维织物的抗刺割断裂阻力；最后，STF增稠后，硬质SiO_2"固化块"使刀具钝化，提高了STF复合织物的抗刺割性能。但是STF/UHMWPE纬编针织物的抗刺割机理需要进一步深入研究。

5.5　本章小结

本章通过STF/UHMWPE纬编针织物复合材料刺割试验，探讨了STF/UHMWPE纬编针织物复合材料的防刺割性能，分析了STF刺割过程中增稠现象与STF织物复合材料的防刺割性能的协同性，研究了STF的添加对纤维织物防刺割性能的贡献，结论如下。

（1）STF/UHMEPE复合纱线的防刺割性能优于UHMWPE纱线。STF流变性能测试显示STF2的剪切增稠特性优于STF1的剪切增稠特性，而STF2/UHMEPE复合纱线的抗切割性能优于STF1/UHMEPE复合纱线的抗切割性能。由此验证了STF的剪切增稠特性与STF/UHMWPE复合纱线的抗切割性能的协同性。

（2）无论是直刀片的水平切割还是尖状刀具的垂直刺割，单层STF/UHMWPE纬编针织物的防割破坏模式与纯织物相似，在刀具刺割过程中都经历了变形阶段（弹性变形）、刺割破裂阶段（刺割裂口产生）和稳定刺割阶段（刺割裂口扩张）三个响应模式。STF/UHMWPE纬编针织物复合材料的抗垂直刺割性能受到刺割速度、STF等底面积液面高度的影响，这些都和STF法向力学行为下的增稠现象具有相关性。STF的添加使STF/纬编针织物复合材料的法向准静态垂直刺割的防刺割性能得到提高，抗刺割断裂机理由于STF的添加而发生改变。

（3）从刺割速度、刺割过程中的摩擦性能及刺割断口形貌三个方面分析了STF刺割过程中增稠特性与STF复合织物的防刺割性能的协同性。第一，刺割速度对UHMWPE纬编针织防刺割性能的影响不大，而对STF/UHMWPE纬编针织物复合材料的影响较大，当刺割速度较小时，STF没有产生增稠现象，STF/UHMWPE纬编针织物复合材料的防刺割性能并没有提高，只有增加速度，STF出现增稠现象时STF/UHMWPE纬编针织物复合材料的防刺割性能才有显著的提高。第二，STF/纬编针织物刺割过程中摩擦力的增加有两个原因。一是STF内SiO_2固体颗粒增加了摩擦力。二是STF的增稠特性增加了摩擦力，其中STF的增稠特性对摩擦力的增加贡献最为显著。刺割过程中STF的增稠特性与复合材料刺割过程摩擦性能的急剧增加具有协同性。第三，STF/织物复合材料刺割断口处单根纤维的断头末端黏附着大量的STF，且能观察到大量SiO_2纳米颗粒团聚现象，这说明刺割过程中STF表现出增稠特性，使SiO_2粒子在刺割应力集中区域迅速团聚以抵抗刀具的入侵，由此表现出STF刺割过程的增稠现象和STF/UHMWPE纬编针织物防刺割性能的协同性。

（4）阐述了STF法向力学行为下的增稠特性是STF/UHMWPE纬编织针物复合材料具有优良防刺割性能的主要原因。具体表现为：第一，STF本身具有很好的抗法向冲击性能，随着刀具的下移，STF处于高速率应变状态，使其增稠固化而消耗能量；第二，UHMWPE纬编针织物是由

UHMWPE纤维束、纱线线圈和织物结构三种不同物相组成，织物的性能受到纤维、纱线结构和织物结构的影响，STF的添加降低了织物各相异性的特点，使织物趋于连续性和完整性，因而使复合织物刺割过程的稳定性提高；第三，刺割过程中STF的增稠固化阻碍了纤维间、线圈纱线间以及织物和刀具间的相对滑移运动，导致STF/织物复合材料整体发挥协同阻力的作用；第四，STF增稠后，硬质SiO$_2$"固化块"使刀具钝化，提高了STF复合织物的防刺割性能。

目前，STF/UHMWPE纬编针织物复合材料的抗刺割性能的国内外相关研究还很少，仍有大量工作有待开展。特别是STF在法向力学行为下的增稠机理，STF在STF/织物复合材料防刺割过程中的作用机理，STF和不同种类纤维织物结合的界面性能等方面仍有待进一步研究。

第6章　主要结论与展望

6.1　主要结论

近年来，STF/高性能纤维织物柔性复合材料的机械防护性能在个体防护装备领域展开了广泛而深入的研究。其中开展较早、研究成果较成熟的是高性能纤维机织物和STF/高性能纤维机织物复合材料的防弹性能、抗高速和低速冲击性能及防刺性能。但是对于纤维织物及STF/纤维织物复合材料的防割性能及作用机理的研究却很少，而针织物及STF/针织物复合材料的防割性能研究则更少。不管是爆炸弹片的冲击还是刀具的穿刺，对材料及人体都有切割损伤，所以切割是防护性能的基础。针织物在产业用方面具有良好的成型性、缓弹性、能量吸收和抗冲击疲劳性能；在服用方面具有柔软舒适和轻便性。因此，研究针织物及STF/针织物复合材料的防割性能及切割机理，对个体柔性防护装备的开发具有十分重要的指导意义。

本文采用试验研究、理论分析和数值模拟相结合的方法，研究了STF法向力学行为下的增稠现象及增稠机理，建立了简单的理论模型。对UHMWPE纱线、UHMWPE纬编针织物及STF/UHMWPE纬编针织物复合材料的防割特性及防割机理进行全面剖析，并研究了各参数分别对UHMWPE纱线、UHMWPE纬编针织物及STF/UHMWPE纬编针织物复合材料切割过程的影响。首次提出STF法向力学行为下的增稠特性和STF/UHMWPE纬编针织物复合材料的防刺割性能在刺割过程中的协同性。主要的工作和具体结论如下。

（1）阐述了研究背景；综述了柔性机械防护材料的两大体系：高性能纤维集合体和基体材料；防刺、防割性能的介绍及相关理论基础；现有的防刺、防割测试标准及方法；防刺、防割性能的国内外研究现状及存在的问题。

（2）STF的增稠特性常用流变仪的剪切黏度来表征和解释，本文提出STF法向力学行为下的增稠特性及增稠机理。

①STF的制备及流变性能测试。用不同粒径的混合SiO_2纳米颗粒和PEG200：PEG400=1：2混合液制备STF，利用流变仪测试STF的剪切增稠特性。STF稳态流变测试所得黏度—剪切速率曲线指出，制备的STF具有良好的剪切增稠特性。

②STF准静态挤压和抽拔试验设计。利用自制附件和INSTRON万能力学实验仪对STF进行准静态挤压和抽拔试验，获得位移—力曲线。设置试验参数：挤压或抽拔速度、接触面积、STF的液面高度和接触壁面的粗糙度。通过试验获得的位移—力曲线分析STF挤压过程的受力特点，结果显示，STF在挤压模式下存在临界位移，当达到临界位移时，STF的受力急剧上升，显示增稠特性。挤压速度对STF的增稠特性影响很大，当挤压速度增加时，临界位移减小，STF提前产生增稠特性；金属杆与STF间的接触面积也影响着挤压过程的增稠特性，接触面越大，临界位移越小。STF的液面高度越小，临界位移越小。接触面的粗糙度对STF挤压过程的增稠特性影响不大。对于STF的抽拔过程，STF的增稠特性与抽拔速度有关，存在临界抽拔速度。

③利用凝聚态物理中的Jamming现象及Jamming动态前延原理解释STF在法向准静态挤压和抽拔模式下的增稠特性及增稠机理，建立速度相关的Jamming动态前延模型。

（3）UHMWPE纬编针织物是由UHMWPE纱线在针织横机上编织而成的，UHMWPE纱线的抗切割性能直接关系到UHMWPE纬编针织物的抗切割性能，因此本文对UHMWPE纱线的抗切割性能展开大量的试验研究，分析切割参数对UHMWPE纱线抗切割性能的影响，研究纱线的切割断裂机理。

①三种不同结构的UHMWPE纱线的切割试验研究：UHMWPE长丝纱（弱捻）、UHMWPE短纤纱、UHMWPE混合包芯纱。三类刀刃形状的刀具：楔形、弧形、锥形。纱线的切割试验通过自行设计的附件和经简单改造的INSTRON万能力学试验仪来共同完成。试验参数：切割速度、切割角度。纱线结构不同，纱线抗切割性能不同，弱捻长丝纱最大比切割力最大，但是切割断裂伸长最小，切割断裂比功也最小，纱线试样表现为刚而强；包芯纱切割断裂伸长居中，最大比切割力最小，切割断裂比功也居中；而短纤纱切割断裂伸长最大，最大比切割力居中，切割断裂比功最大，试样表现为柔韧性。切割角度对纱线的抗切割性能影响很大，主要表现为正交垂直和倾斜两个角度，正交垂直刺割纱线时，纱线的抗切割力更大。刀刃形状不同，切割过程中刀刃和纱线的接触体积不同，因此抗切割力受到影响。切割速度对纱线的抗切割性能的影响呈现出随着速度的增加，抗切割力先增加后减小的趋势。

② 对切割过程中UHMWPE纱线的受力进行分析，主要包括切割力和摩擦力。分析了纱线的切割断裂过程，主要分为三个步骤：首先，刀具和纱线的初接触，纱线产生局部变形，主要为横向压缩和轴向拉伸；其次，纱线的切割过程，属于材料断裂力学范畴。

③最后，纱线被刀具完全分离。根据纱线切割破坏模式的分析，纱线切割断裂过程的能量分布主要包括弹性变形能、切割断裂能、聚合物材料的黏流能及切割过程的塑性变形能，对各主要分布能量建立理论模型。最后分析了UHMWPE纱线的切割破坏机理，提出纱线和刀具接触形式理论和纱线对刀具外力作用下的力学响应理论。

（4）纬编针织物的直刀片水平切割和尖状刀具的垂直刺割试验，揭示了纬编针织物刺割物理现象。利用材料断裂力学的能量平衡原理，对纬编针织物的刺割过程能量转化特点及不同阶段能量计算方法进行研究，建立简单的纬编针织物刺割过程不同阶段的受力模型。

①根据ISO 13997防护服装用材料防锋利物体切割性能的测试方法对

UHMWPE纬编针织物进行水平切割试验以及按照美国NIJ 0115.00标准中的P1刀具对UHMWPE纬编针织物进行垂直刺割试验，分析各参数对纬编针织物的防割性能的影响。试验结果显示，不管是水平切割还是垂直刺割，纬编针织物的防割性能除了与织物本身（如织物结构、织物经纬向、织物厚度等）有直接关系外，还受到测试条件（如速度、角度等）的影响。当然影响织物防割性能的因素还有很多，如织物测试边界条件、刀具等，但是，不管外界因素如何改变，织物本身的防割物理现象是不变的。

②对纬编针织物的刺割过程进行全面剖析。首先，对织物刺割过程进行受力分析，不管是水平切割还是垂直刺割，织物主要受到刺割力和摩擦力。其次，对织物刺割过程的破坏形式进行分析，织物的刺割过程经历了织物的变形、织物和刀具接触面的摩擦磨损、织物刺割破裂的产生、织物刺割裂纹的扩张到最后完全的刺割断开失效。再次，摩擦力是织物刺割过程中受力的重要组成，以能量消耗的形式对织物的防刺割性能起到贡献作用，利用摩擦学理论研究刺割过程的摩擦机理。织物的刺割过程的摩擦学包括刀具和织物间的摩擦以及纱线间的滑移摩擦。最后，对织物垂直刺割过程的变形特征进行研究，包括织物背凸和线圈扩张。

③分析了纬编针织物刺割断裂机理，利用断裂力学理论的能量平衡原理，纬编针织物的刺割断裂包括裂口的产生（即织物结构的破裂能）和裂口的扩张（即织物的刺割阻抗），并给出刺割阻抗的计算方法。根据能量平衡理论，分析了刺割过程各阶段能量之间的转换关系，并建立了各阶段织物的简单力学模型。

（5）通过STF/UHMWPE纬编针织物复合材料的刺割试验，探讨了STF/UHMWPE纬编针织物的防刺割性能。分析刺割过程中STF的增稠特性与STF/织物复合材料的防刺割性能的协同性，研究了STF对其织物复合材料的防刺割性能的贡献。

①对STF/UHMWPE复合纱线抗切割性能进行分析。通过改变STF的配方，制备两种STF/UHMWPE复合纱线，再利用UHMWPE纱线的切割设备测试STF/UHMEPE复合纱线的抗切割性能。结果显示，STF/UHMEPE复合

纱线的抗切割性能优于UHMWPE纱线。STF流变性能测试表明，STF2的剪切增稠特性优于STF1的剪切增稠特性，而STF2/UHMEPE复合纱线的抗切割性能优于STF1/UHMEPE复合纱线的抗切割性能，由此验证了STF切割过程的增稠特性提高了STF/UHMWPE复合纱线的抗切割性能。

②单层STF/UHMWPE纬编针织物的防刺割破坏模式与纯织物相似，在刀具刺割过程中都经历了变形阶段（弹性变形）、刺割破裂阶段（刺割裂口产生）和稳定刺割阶段（刺割裂口扩张）三个响应模式。STF/UHMWPE纬编针织物复合材料的防刺割性能受到刺割速度、STF单位底面积体积含量的影响，这些都与STF法向力学行为下的增稠现象有关。STF的添加使STF/纬编针织物的准静态防刺割性能得到提高，刺割断裂机理由于STF的添加发生改变。

③STF法向力学行为下的增稠特性是STF/UHMWPE纬编织针物复合材料具有优良防刺割性能的主要原因。主要表现为：第一，STF本身具有很好的抗法向冲击性能，随着刀具的下移，STF处于高速率应变状态，使其增稠固化而消耗能量；第二，UHMWPE纬编针织物是由UHMWPE纤维束、纱线线圈和织物结构三种不同物相组成，织物的性能受到纤维、纱线结构和织物结构的影响，STF的添加降低了织物的各相异性的特点使织物趋于连续性和完整性，因而使其织物复合材料刺割过程的稳定性提高；第三，刺割过程中STF的增稠固化阻碍了纤维间、线圈纱线间以及织物和刀具间的相对滑移运动，导致STF/织物复合材料整体的协同发挥阻力的作用；第四，STF增稠后"粒子簇"的生成会使刀具钝化，从而降低了刀具的刺割能力。

④从刺割速度、刺割过程中的摩擦性能及刺割断口形貌三个方面分析了STF刺割过程中增稠特性与STF复合织物的防刺割性能的协同性。第一，刺割速度对UHMWPE纬编针织防刺割性能的影响不大，而对STF/UHMWPE纬编针织物复合材料的影响较大，当速度较小时，STF没有产生增稠现象，STF/UHMWPE纬编针织物复合材料的防刺割性能也并没有提高，只有增加速度到某个临界值时，STF出现增稠现象，STF/UHMWPE纬

编针织物复合材料的防刺割性能才有显著的提高。第二，STF/纬编针织物刺割过程中摩擦力的增加有两个原因。一是STF内SiO$_2$固体颗粒增加了摩擦力，二是STF的增稠特性增加了摩擦力，其中STF的增稠特性对摩擦力的增加贡献最为显著。刺割过程中STF的增稠特性与织物复合材料刺割过程摩擦性能的急剧增加具有协同性。第三，STF/织物复合材料刺割断口处单根纤维的断头末端黏附着大量的STF，且能观察到大量SiO$_2$纳米颗粒团聚现象，这说明刺割过程中STF表现出增稠特性，使SiO$_2$粒子在刺割应力集中区域迅速团聚以抵抗刀具的入侵，由此表明，STF刺割过程的增稠现象和STF/UHMWPE纬编针织物防刺割性能具有协同性。

6.2　展望

无论是军用还是民用，个体柔性机械防护装备的市场需求越来越大，本文通过大量的试验测试、理论分析及数值模拟等方法，对STF法向力学行为下的增稠特性和增稠机理、UHMWPE纬编针织物及STF/纬编针织物的防刺割性能及其刺割机理进行了深入系统的研究。本研究为开发防护性能更好，服用性能更轻便、更灵活、更舒服的个体防护装备提供了理论依据。但是，仍有以下一些研究点可以进一步扩展。

（1）由于试验条件的限制，本文只研究了STF准静态法向力学行为下的增稠特性，STF的动态冲击性能没有涉及。由于STF稳定状态下类似胶状液体，具有流动性，STF试样不容易固定，且受到冲击物低或高速冲击时，STF会产生飞溅或脆断现象，对固定物的要求很高，给动态冲击试验带来难度。

（2）织物组成的基础材料是纤维，纤维的抗切割性能研究非常重要。由于试验设备的限制，只能通过纱线的抗切割性能表征纤维的抗切割性能。把纱线假设成纤维单丝，有机高性能纤维加工过程显示有机高性能纤维属于黏弹性材料，黏弹性材料的切割断裂损伤机理、损伤评判标准及临界损伤应力值等目前还尚不明确。

（3）纬编针织物是一个内在结构非常复杂的材料，从纱线的组成及结构、线圈结构到编织工艺的多样性，给多尺度研究针织物的刺割断裂性能带来不便。另外，由于柔性材料直刀片水平切割测试标准和试验设备的局限性，纬编针织物及STF/纬编针织物复合材料水平切割过程的损伤模式及临界损伤应力值等还不明确。纬编针织物及STF/纬编针织物复合材料的尖状刀具垂直刺割过程由于切割损伤占主要作用，且刺割过程动态响应无法随时捕捉，尽管建立了织物线圈扩张模型，但线圈扩张程度有待进一步研究。

（4）关于STF/UHMWPE纬编针织物复合材料的防刺割性能，尤其是STF在刺割过程中的增稠效应和STF/纬编针织物复合材料防刺割性能的协同性，国内外相关研究还很少，仍有大量工作有待开展。在刺割过程中STF不产生增稠效应和产生增稠效应对STF复合织物防刺割性能的影响，STF在其织物复合材料内的含量对STF复合织物的防刺割性能的影响，STF和不同纤维材料纬编针织物的界面结合性及STF/织物复合材料的防割机理等方面仍可以进一步扩展研究。

参考文献

［1］DOLEZ P I, VU-KHANH T. Recent developments and needs in materials used for personal protective equipment and their testing［J］. International Journal of Occupational Safety and Ergonomics, 2009, 15(4): 347-362.

［2］邢京京. 柔性防刺材料结构设计与性能研究［D］. 天津: 天津工业大学, 2017.

［3］王学洲, 崔国力, 王贻青. 高强轻质复合层防刺服: 中国, 94243452.8［P］. 1994-11-07.

［4］练滢. 织物/树脂复合柔性防刺材料的设计与穿刺性能研究［D］. 上海: 东华大学, 2016.

［5］KIM H, NAM I. Stab resisting behavior of polymefic resin reinforced P-aramid fabrics［J］. Journal of Applied Polymer Science, 2012, 123(5): 2733-2742.

［6］MAYO J B, WETZEL E D, HOSUR M V, et al. Stab and puncture characterization of thermoplastic impregnated aramid fabrics［J］. International Journal of Impact Engineering, 2009, 36(9): 1095-1105.

［7］MAHFUZ H, CLEMENTS F, RANGARI V. Enhanced stab resistance of armor composites with functionalized silica nanoparticles［J］. Journal of Applied Physics, 2009, 105(6): 203.

［8］TIEN D T, KIM J S, HUH Y. Evaluation of anti-stabbing performance of fabric layers woven with various hybrid yams under different fabric conditions［J］. Fibers and Polymers，2011，12(6)：808-815.

［9］刘玉龙. 软体防刺复合材料设计与性能研究［D］. 哈尔滨：哈尔滨工业大学，2011.

［10］邱冠雄，姜亚明，刘良. 反恐纺织品的发展和研究探索［J］. 天津工业大学学报，2003，22(4)：18-22.

［11］CAVALLARO P V. Soft body armor: An overview of materials，manufacturing，testing，and ballistic impact dynamics［N］. MD and the Naval Undersea Warfare Center Division，Newport，RI. 2011-08-11.

［12］CHEN X G，ZHOU Y，WELLS G. Numerical and experimental investigations into ballistic performance of hybrid fabric panels［J］. Composites Part B: Engineering，2014，58：35-42.

［13］陈晓，周宏. 叠层靶板弹击实验及弹道侵彻机理的数值模拟研究［J］. 爆炸与冲击，2003，23(6)：509-515.

［14］顾伯洪，张莉. 芳纶叠层织物弹道贯穿建模及实验［J］. 弹道学报，1999，3：77-82.

［15］王颖. 多层复合高性能材料防刺性能的研究［D］. 无锡：江南大学，2012.

［16］熊杰，施楣梧，申屠华，等. 纤维集合体装甲的研究进展［J］. 高科技纤维与应用，2001，26(4)：11-17.

［17］LABARRE E D，CALDERON-COLON X，MORRIS M，et al. Effect of a carbon nanotube coating on friction and impact performance of Kevlar［J］. Journal of Materials Science，2015，50(16)：5431-5442.

［18］赵玉梅. 柔性复合防刺服的研究［D］. 上海：东华大学，2005.

［19］GOERZ D J，SMITH H R，MIGUEL-BETTENCOURT K C，et al. Soft body armor material with enhanced puncture resistance comprising at least one continuous fabric having knit portions and integrally woven hinge portions：USA 5472769［P］.1995-11-05.

［20］杨川. 芳纶柔性复合材料制备及其防刺性能研究［D］. 哈尔滨：哈

尔滨工业大学, 2010.

[21] FIROUZI D, FOUCHER D A, BOUGHERARA H. Nylon-coated ultra high molecular weight polyethylene fabric for enhanced penetration resistance [J]. Journal of Applied Polymer Science, 2014, 131(11): 378-387.

[22] 蒋伟峰. 剪切增稠材料的力学性能表征及机理研究 [D]. 合肥: 中国科学技术大学, 2015.

[23] 沙晓菲. 剪切增稠液体的制备与性能研究 [D]. 无锡: 江南大学, 2013.

[24] 蔡亮. 剪切增稠胶力学性能及非线性弹簧研究 [D]. 杭州: 浙江工业大学, 2017.

[25] 顾伯洪, 孙宝忠. 纤维集合体力学 [M]. 上海: 东华大学出版社, 2014.

[26] 晏义伍, 曹海琳, 赵金华. 软体防刺复合材料的设计与优化 [J]. 复合材料学报, 2013, 30(2): 247-253.

[27] 俞波. 对位芳纶的生产和应用技术进展 [J]. 合成技术及应用, 2005, 20(4): 35-40.

[28] HIPP S J. Production and characterization of cut resistant acrylic/copolyaramid fibers via bicomponent wet spinning [D]. Clemson University, 2015.

[29] NIE W Z, LI J, ZHOU Z. The ECP grafting of Kevlar fiber on interfacial adhesion of polypropylene composite [J]. Polymer-Plastics Technology and Engineering, 2010, 49(3): 305-308.

[30] WARNER G H. Cut and abrasion resistant spun yarns and fabrics [P]. USA, 4918912, 1990-08-23.

[31] 孔维嘉. 超高分子量聚乙烯纤维的结构与性能研究 [D]. 西安: 西安工程大学, 2015.

[32] 顾隽. UHMWPE纤维树脂复合材料的研究 [D] 上海: 上海交通大学,

2011.

［33］张建民，王日辉，石晶.我国超高分子量聚乙烯纤维研究现状［J］.石化技术，2008，15(1)：48-52.

［34］LI C S，HUANG X C，LI Y，et al. Stab resistance of UHMWPE fiber composites impregnated with thermoplastics［J］. Polymers for Advanced Technologies，2015，25(9)：1014-1019.

［35］李金焕，黄玉东.PBO 纤维的合成、纺织、微相结构与性能研究进展［J］.高分子材料科学与工程，2003，11-19(6)：46-49.

［36］LARSSON F，SVENSSON L. Carbon，polyethylene and PBO hybrid fibre composites for structural lightweight armour［J］. Composites Part A：Applied Science & Manufacturing，2002，33(2)：221-231.

［37］朱梅.高模量纤维纱线针织可编织性能的研究［D］.上海：东华大学，2004.

［38］TIEN D T，KIM J S，YOU H. Stab-resistant property of the fabrics woven with the aramid/cotton core-spun yarns［J］. Fibers & Polymers，2010，11(3)：500-506.

［39］REINERS P，KYOSEV Y，SCHACHER L，et al. Experimental investigation of the influence of wool structures on the stab resistance of woven body armor panels［J］Textile Research Journal，2016，86(7)：685-695.

［40］余科.防刺服试验仪器试做与蚕丝类防刺材料的研究［D］.苏州：苏州大学，2009.

［41］熊杰，施楣梧，申屠年，等.纤维集合体装甲的研究进展［J］.高科技纤维与应用，2001，26(4)：11-16.

［42］姚穆.纺织材料学［M］.3 版.北京：中国纺织出版社，2009.

［43］徐海燕.捻度对超高分子质量聚乙烯纱线可编织性的影响［J］.纺织学报，2013，34(11)：44-50.

［44］井连英.超高分子量聚乙烯短纤维及其纱线性能研究［J］.纺织导报，

2014(4)：52-54.

［45］顾静.UHMWPE 纤维性能及其应用研究［D］.苏州：苏州大学，2015.

［46］蔡永东.超高分子量聚乙烯短纤纱防刺防切割面料的制备方法：中国，105155097A［P］.2015-09-27.

［47］BANDARU A K，VETIYATIL L，AHMAD S. The effect of hybridization on the ballistic impact behavior of hybrid composite armors［J］. Composites Part B: Engineering，2015，76: 300-319.

［48］魏达.基于复合纱线防刺纺织品的开发与性能研究［D］.天津：天津工业大学，2011.

［49］PRICKETT L J. Ply-twisted yarns and fabric having both cut-resistance and elastic recovery and processes for making same：USA，6952915［P］. 2005-05-24.

［50］MAHBUB R F. Comfort and stab-resistant performance of body armour fabrics and female vests［D］. RMIT University，Australia，2015.

［51］ERTEKIN M，KIRTAY H E. Cut resistance of hybrid para-aramid fabrics for protective gloves［J］. Journal of the Textile Institute，2015，107(10)：1-8.

［52］BILISIK K. Two-dimensional (2D) fabrics and three-dimensional (3D) preforms for ballistic and stabbing protection: A review［J］. Textile Research Journal，2017，87(18)：2275-2304.

［53］马华菁，时娟娟，沈文东，等.防弹无纬布的研究概况［J］.棉纺织技术，2021，49(5)：14-18.

［54］左向春，方心灵，张艳鹏.个体防护用无纬布材料发展现状［J］.警察技术，2009，(5)：69-70.

［55］刘术佳.微颗粒改性超高分子量聚乙烯纤维复合无纬布的研究［D］.上海：东华大学，2010.

［56］SASIKUMAR M，SUNDARESWARAN V. Ballistic impact behavior of unidirectional fiber reinforced composites［J］. International Journal of Impact Engineering，2014，63：164-176.

［57］方心灵，常浩，许冬梅，等. 芳纶无纬布防弹防刺性能的研究［J］. 高科技纤维与应用，2015(3)：45-48.

［58］GRUJICIC M，ARAKERE G，HE T，et al. A ballistic material model for cross-plied unidirectional ultra-high molecular-weight polyethylene fiber-reinforced armor-grade composites［J］. Materials Science & Engineering: A，2008，498(12)：231-241.

［59］CHOCRON S，NICHOLLS A E，BRILL A，et al. Modeling unidirectional composites by bundling fibers into strips with experimental determination of shear and compression properties at high pressures［J］. Composites Science and Technology，2014，101：32-40.

［60］CUNNIFF P M. "A bibliography of technical information relating to the ballistic impact of body armor materials," U.S. Army Natick Research, Development and Engineering Center，Materials Research and Engineering Technical Report，1989，174.

［61］TABIEI A，NILAKANTAN G. Ballistic impact of dry woven fabric composites: A review［J］. Applied Mechanics Reviews，2008，61(1)：129-137.

［62］HEJAZI S M，KADIVAR N，SAJJADI A. Analytical assessment of woven fabrics under vertical stabbing : The role of protective clothing［J］. Forensic Science International，2016，259：224-233.

［63］NILAKANTAN G，GILLESPIE Jr J. Yarn pull-out behavior of plain-woven Kevlar fabrics: Effect of yarn sizing，pullout rate，and fabric pre-tension［J］. Composite Structures，2013，101(15)：215-224.

［64］王东宁. 超高分子量聚乙烯平纹织物的防弹性能的研究与数值模拟［D］. 天津：天津工业大学，2013.

［65］陈威. 芳纶平纹织物的表面改性及其防刺特征研究［D］. 北京：北

京理工大学，2014.

[66] PAMUK G，ÇEKEN F. Manufacturing of weft-knitted fabric reinforced composite materials: A review [J]. Advanced Manufacturing Processes，2008，23(7)：635-640.

[67] PANDITA S D，FALCONET D，VERPOEST I. Impact properties of weft knitted fabric reinforced composites [J]. Composites Science and Technology，2002，62(7-8)：1113-1123.

[68] 杨雪. 改性 UHMWPE 纬编针织物增强复合材料制备及其抗冲击性能研究 [D]. 天津：天津工业大学，2015.

[69] 竺铝涛. 纤维力学性质应变率效应和针织复合材料弹道冲击破坏机理 [D]. 上海：东华大学，2010.

[70] ALPYILDIZ T，ROCHERY M，KURBAK A，et al. Stab and cut resistance of knitted structures: A comparative study [J]. Textile Research Journal，2011，81(2)：205-214.

[71] 寿钱英. 纬编针织物抗撕裂、顶破和穿刺性能研究 [D]. 上海：东华大学，2012.

[72] 甄琪. 基于舒适性的柔性防刺材料的研究 [D]. 天津：天津工业大学，2015.

[73] CHOCRON S，PRINTOR A，CENDON D，et al. Simulation of the ballistic impact in a polyethylene nonwoven felt [C] //Proceedings of the 20 International symposium Ballistic，Orlando，2002：810-816.

[74] 李婷婷. 基于针刺和热粘加固结构的复合织物制备及其防刺性能研究 [D]. 天津：天津工业大学，2013.

[75] 史春旭. 平头弹冲击织物过程中界面摩擦的作用 [D]. 太原：太原理工大学，2015.

[76] LUAN K，SUN B，GU B. Ballistic impact damages of 3-D angle-interlock woven composites based on high strain rate constitutive equation of fiber tows [J]. International Journal of Impact Engineering，2013，

57：145–158.

［77］孔祥勇. 柔性防刺经编间隔织物的结构与性能研究［D］. 无锡：江南大学，2012.

［78］陆振乾. 剪切增稠液浸渍经编间隔织物柔性复合材料冲击压缩性能［D］. 上海：东华大学，2014.

［79］张政，刘晓艳，于伟东. 涂层防刺织物的制备及其防刺机制［J］. 纺织学报，2018.

［80］徐玲玲. 多层芳纶织物增强聚氨酯防刺性能的研究［D］. 天津：天津工业大学，2017.

［81］孙西超. 剪切粘稠液制备及其复合材料防弹性能研究［D］. 杭州：浙江理工大学，2014.

［82］徐钰蕾. 剪切增稠液的性能表征及其防护应用研究［D］. 合肥：中国科学技术大学，2012.

［83］吴淼. 纳米二氧化硅流体的剪切增稠行为的研究［D］. 上海：上海交通大学，2019.

［84］曹赛赛. 剪切增稠液的力学性能和防护应用研究［D］. 合肥：中国科学技术大学，2020.

［85］HASANZADEH M，MOTTAGHITALAB V. The role of shear–thickening fluids (STFs) in ballistic and stab–resistance improvement of flexible armor［J］. Journal of Materials Engineering and Performance，2014，23(4)：1182–1196.

［86］BARNES H A. Shear thickening（"Dilatancy"）in suspensions of nonaggregating solid particles dispersed in newtonian liquids［J］. Journal of Rheology，2000，33(2)：329–366.

［87］WETZEL E D，LEE Y S，EGRES R G，et al. The effect of rheological parameters on the ballistic properties of shear thickening fluid (STF) - Kevlar composites［C］. Proceedings of NUMIFORM，June 13–17，(Columbus，OH)，2004.

［88］ LEE B W, KIM I J, KIM C G. The influence of the particle size of silica on the ballistic performance of fabrics impregnated with silica colloidal suspension［J］. Journal of Composite Materials, 2009, 43(23): 2679–2698.

［89］ BENDER J W, WAGNER N J. Optical measurement of the contributions of colloidal forces to the rheology of concentrated suspensions［J］. Journal of Colloid & Interface Science, 1995, 172(1): 171–184.

［90］ 沙晓菲, 俞科静, 钱坤. 不同分子量 PEG 对剪切增稠液体流变性能的影响［J］. 化工新型材料, 2013, 41(5): 100–102.

［91］ 伍秋美, 阮建明, 黄伯云, 等. 分散介质和温度对 SiO_2 分散体系流变性能的影响［J］. 中南大学学报（自然科学版）, 2006, 37(5): 862–866.

［92］ 葛健豪. SiC 纳米线对 STF 动态力学性能及浸透织物拔出力的影响研究［D］. 武汉: 武汉理工大学, 2018.

［93］ MAWKHLIENG U, MAJUMDAR A, BHATTACHARJEE D. Graphene reinforced multiphase shear thickening fluid for augmenting low velocity ballistic resistance［J］. Fibers and Polymers, 2021, 22(1): 213–221.

［94］ QIN J B, GUO B R, ZHANG L, et al. Soft armor materials constructed with Kevlar fabric and a novel shear thickening fluid［J］. Composites Part B, 2020, 183(10): 76–86.

［95］ 魏明海, 孙丽, 张春巍, 等. 纳米氧化锆和氧化硅混合体系剪切增稠液的流变性能［J］. 材料导报, 2019, 33(6): 1969–1974.

［96］ WHITE E E B, CHELLAMUTHU M, ROTHSTEIN J P. Extensional rheology of a shear thickening cornstarch and water suspension［J］. Rheologica Acta, 2010, 49: 119–129.

［97］ 陈潜, 何倩云, 刘梅, 等. 剪切增稠液的力学性能与机理［J］. 固体力学学报, 2016, 37(6): 518–537.

［98］ WAITUKAITIS S R, JAEGER H M. Impact–activated solidification of dense suspensions via dynamic jamming fronts [J]. Nature, 2012, 487(7406): 205-209.

[99] LIM A S, LOPATNIKOV S L, WAGNER N J, et al. An experimental investigation into the kinematics of a concentrated hard-sphere colloidal suspension during Hopkinson bar evaluation at high stresses [J]. Journal of Non-Newtonian Fluid Mechanics, 2010, 165: 1342-1350.

[100] ASIJA N, CHOUHAN H, GEBREMESKEL S A, et al. High strain rate characterization of shear thickening fluids using Split Hopkinson Pressure Bar technique [J]. International Journal of Impact Engineering, 2017, 110: 365-370.

[101] PETEL O E, OUELLET S, LOISEAU J, et al. A comparison of the ballistic performance of shear thickening fluids based on particle strength and volume fraction [J]. Journal of Impact Engineering, 2015, 85: 83-96.

[102] WANGER N J, LEE Y S, WETZEL E D, et al. Advanced body armor utilizing shear thickening fluid [C]. 23 rd Army Science Conference, Orlando FL, 2002: 1-6.

[103] LEE Y S, WETZEL E D, WAGNER N J. The ballistic impact characteristics of Kevlar® woven fabrics impregnated with a colloidal shear thickening fluid [J]. Journal of Materials Science, 2003, 38: 2825-2833.

[104] DECKER M J, HALBACH C J, NAM C H, et al. Stab resistance of shear thickening fluid (STF)-treated fabrics [J]. Composites Science and Technology, 2007, 67(3-4): 565-578.

[105] PARK Y, BALUCH A H, KIM Y H, et al. High velocity impact characteristics of shear thickening fluid impregnated Kevlar fabric [J]. International Journal of Aeronautical & Space Sciences, 2013, 14(2): 140-145.

［106］WALKER K，ROBSON S，RYAN N，et al. Active protection system ［J］. Advanced Materials& Processes，2008，166(9)：36-37.

［107］ZHOU H，YAN L X，JIANG W Q，et al. Shear thickening fluid-based energy-free damper: Design and dynamic characteristics［J］. Journal of Intelligent Material Systems and Structures，2016，27(2)：208-220.

［108］ZHANG X Z，LI W H，GONG X L. The rheology of shear thickening fluid (STF) and the dynamic performance of an STF-filled damper［J］. Smart Materials & Structures，2008，17(3)：035027.

［109］YEH F Y，CHANG K C，CHEN T W，et al. The dynamic performance of a shear thickening fluid viscous damper［J］. Journal of the Chinese Institute of Engineers，2014，37(8)：983-994.

［110］李闪. 剪切增稠流体处理织物对复合材料低频隔音性能的影响［D］. 杭州：浙江理工大学，2013.

［111］王蒙，黄真，宋晓冰. 剪切增稠液体流变性能研究及STF复合膜材料的展望［C］. 第十五届全国现代结构工程学术研讨会，2015.

［112］周祥兴，任显诚. 塑料包装材料成型及应用技术［M］. 北京：化学工业出版社，2004.

［113］陈磊，徐志伟，李嘉禄，等. 防弹复合材料结构及其防弹机理［J］. 材料工程，2010(11)：94-100.

［114］GRUJICIC M，BELL W C，ARAKERE G，et al. Development of a meso-scale material model for ballistic fabric and its use in flexible-armor protection systems［J］. Journal of Materials Engineering and Performance，2010，19(1)：22-39.

［115］NILAKANTAN G，GILLESPIE Jr J W. Ballistic impact modeling of woven fabrics considering yarn strength，friction，projectile impact location，and fabric boundary condition effects［J］. Composite Structures，2012，94：3624-3634.

［116］孙西超，李艳清，伍仲，等. STF-柔性复合材料的防弹性能研究

［J］.浙江理工大学学报，2014(2)：127-132.

［117］顾伯洪，孙宝忠.纺织结构复合材料冲击动力学［M］.北京：科学出版社，2012.

［118］PASQUALI M，GAUDENZI P. Effects of curvature on high-velocity impact resistance of thin woven fabric composite targets［J］. Composite Structures，2017，160：349-365.

［119］姚晓林.纬编针织物防刺机理研究［D］.天津：天津工业大学，2006.

［120］TERMONIA Y. Impact resistance of woven fabrics［J］. Textile Research Journal，2004，74(8)：723-729.

［121］GONG X L，XU Y L，ZHU W，et al. Study of the knife stab and puncture-resistant performance for shear thickening fluid enhanced fabric［J］. Journal of Composite Materials，2014，48 (6)：641-657.

［122］PERSSON S. Mechanics of Cutting Plant Material［M］. USA: American Society of Agricultural Egineers，1987：56-67.

［123］丁慧玲，张永振，贺智涛.纤维材料切割过程中的摩擦学研究进展［C］.全国耐磨材料大会，2015.

［124］刘庆庭，区颖刚，卿上乐.甘蔗茎秆切割机理研究［C］.中国农业工程学会学术年会，2005.

［125］胡中伟.生物软组织切割机理的实验与理论研究［D］.长沙：湖南大学，2011.

［126］WANG L J，KE J Y，ZHANG D T，et al. Cut resistant property of weft knitting structure: A review［J］. The Journal of the Textile Institute，2018，8(109)：1054-1066.

［127］王子博.防刺标准和其服用织物［J］.纺织科技进展，2010(2)：78-80.

［128］王颖.多层复合高性能材料防刺性能的研究［D］.无锡：江南大学，2012.

［129］GB/T 12017—1989 防刺穿鞋的抗刺穿技术条件与试验方法［S］.

［130］顾肇文. 柔性复合防刺服机理研究［J］. 纺织学报，2006(8)：80-84.

［131］田笑. 多层织物结构设计与防刺性能研究［D］. 西安：西安工程大学，2017.

［132］王京红，雷同宝. 防刺服用面料性能的测试方法［J］. 纺织科学研究，2010(4)：25-29.

［133］GA 68—2019 警用防刺服标准［S］.

［134］NIJ standard 0115.00，Stab resistant of personal body armor［S］.

［135］BS EN 388：2016 Protective gloves against mechanical risks. European standard［S］.

［136］刘柳. 防切割手套的标准及织造参数研究［D］. 上海：东华大学，2011.

［137］LARA J，MASSÉ S. Evaluating the cutting resistance of protective clothing materials［C］. Nokobetef 6 and，European Conference on Protective Clothing，2000.

［138］邱日祥. 材料防切割性能测试的国外标准介绍［J］. 中国个体防护装备，2004，4：31-32.

［139］ISO 13998：1998 Protective clothing：Mechanical properties：Determination of resistance to cutting by sharp objects［S］.

［140］ASTM F 1790m：2015 Standard test method for measuring cut resistance of materials used in protective clothing［S］.

［141］MAYO J，WETZEL E. Cut resistance and failure of high-performance single fibers［J］. Textile Research Journal，2014，84(12)：1233-1246.

［142］SHIN H S，ERLICH D C，SHOCKEY D A. Test for measuring cut resistance of yarns［J］. Journal of Materials Science，2003，38(17)：3603-3610.

［143］MORELAND J C. Production and characterization of aramid copolymer fibers for use in cut protection［D］. Clemson University，2010.

［144］WANG L J，YU K J，ZHANG D T，et al. Experimental and theoretical analysis of failure mechanism of UHMWPE Yarn under transverse cut loading［J］. The Journal of the Textile Institute，2018，110(2)：289–297.

［145］XU Y，CHEN X G，YAN W. Stabbing resistance of body armor panels impregnated with shear thickening fluid［J］. Composite Structures，2017，163：465–473.

［146］HASANZADEH M，MOTTAGHITALAB V. Tuning of the rheological properties of concentrated silica suspensions using carbon nanotubes［J］. Rheologica Acta，2014，25(2)：1–8.

［147］QIN J B，ZHANG G C H，ZHOU L S H. Dynamic/quasi–static stab–resistance and mechanical properties of soft body armour composites constructed from Kevlar fabrics and shear thickening fluid［J］. RSC Advances，2017，7(63)：39803–39813.

［148］KORDANI N，VANINI AS，AMIRI H. Numerical solution of penetration into woven fabric target impregnated with shear thickening fluid［J］. Polymers & Polymer Composites，2016，24(4)：281–287.

［149］刘芳文. 剪切增稠液体在软质防刺复合材料中的应用研究［D］. 天津：天津工业大学，2011.

［150］马惠峰. 耐切割纱线及耐切割耐刺面料：中国，201710507697.5［P］. 2017–06–28.

［151］毕蕊. 纱线沿横截面的抗切割性能研究［D］. 天津：天津工业大学，2006.

［152］肖莹. 防切割机织物的研究与开发［D］. 天津：天津工业大学，2011.

［153］KOTHARI V K，DAS A，SREEDEVI R. Cut resistance of textile fabrics: A theoretical and an experimental[J]. Indian Journal of Fibre Textile Research, 2007, 32(9): 306–311.

[154] THI B N V, VU-KHANH T, LARA J. Mechanics and mechanism of cut resistance of protective materials[J]. Theoretical & Applied Fracture Mechanics, 2009, 52(1): 7–13.

[155] THILAGAVATHI G, RAJENDRAKUMAR K, KANNAIAN T. Development of textile laminates for improved cut resistance[J]. Journal of Engineered Fabrics & Fibres, 2010, 5: 40–44.

[156] MOHAMMADI M M. Haptic rendering of tool contact and cutting[D]. McGill University, 2002.

[157] FERNANDEZ N, MANI R, RINALDI D, et al. Microscopic mechanism for the shear-thickening of non-Brownian suspensions[J]. Physical Review Letters, 2013.

[158] 何倩云. 剪切增稠液及其织物复合材料的力学性能研究[D]. 合肥: 中国科学技术大学, 2018.

[159] KAWABATA S, KOTANI T, YAMASHITA Y. Measurement of the longitudinal mechanical properties of high-performance fibres[J]. Journal of the Textile Institute, 1995, 86(2): 347–359.

[160] MCCARTHY C T, HUSSEY M, GILCHRIST M D. On the sharpness of straight edge blades in cutting soft solids: Part I: Indentation experiments[J]. Engineering Fracture Mechanics, 2007, 74(14): 2205–2224.

[161] 田野. 应用摩擦角分析物体临界平衡问题[J]. 青海大学学报（自然科学版）, 2001(1): 85–88.

[162] ATKINS A G, XU X, JERONIMIDIS G. Cutting, by "pressing and slicing" of thin floppy slices of materials illustrated by experiments on cheddar cheese and salami[J]. Journal of Materials Science, 2004, 39(8): 2761–2766.

［163］李群，欧卓成，陈宜亨，等. 高等断裂力学［M］. 北京：科学出版社，2017.

［164］ATKINS A G. Toughness and cutting: A new way of simultaneously determining ductile fracture toughness and strength［J］. Engineering Fracture Mechanics，2005，72(6)：849−860.

［165］于伟东，储才元. 纺织物理［M］. 上海：东华大学出版社，2009.

［166］CHANTHASOPEEPHAN T，DESAI J P，LAU A C W. Measuring forces in liver cutting：New equipment and experimental result［J］. Annals of Biomedical Engineering，2003，31(11)：1372−1382.

［167］TRIKI E，NGUYEN−TRI P，GAUVIN C，et al. Combined puncture/cutting of elastomer membranes by pointed blades: Characterization of mechanisms［J］. Journal of Applied Polymer Science，2015，132(26)：450−457.

［168］NILAKANTAN G，GILLESPIE Jr J W. Ballistic impact modeling of woven fabrics considering yarn strength，friction，projectile impact location，and fabric boundary condition effects［J］. Composite Structure，2012，94：3624−3634.

［169］DUAN Y，KEEFE M，BOGETTI T A，et al. Modeling the role of friction during ballistic impact of a high−strength plain−weave fabric［J］. Composite Structures，2005，68(3)：331−337.

［170］NILAKANTAN G，MERRILL R L，FEEFE M，et al. Experimental investigation of the role of frictional yarn pull−out and windowing on the probabilistic impact response of kevlar fabrics［J］. Composites Part B: Engineering，2015，68：215−229.

［171］WANG Y，CHEN X，YOUNG R，et al. Finite element analysis of effect of inter−yarn friction on ballistic impact response of woven fabrics［J］. Composite Structures，2016，135：8−16.

［172］PARGA−LANDA B，HERNÁNDEZ−OLIVARES F. An analytical model to predict impact behaviour of soft armours［J］. International Journal of Impact Engineering, 1995, 16(3): 455-466.

［173］侯利民. 柔性复合材料顶破机理和破坏形态的分析模型［D］. 上海: 东华大学, 2013.

［174］WU W L, HAMADA H, MAEKAWA Z. Computer simulation of the deformation of weft-knitted fabrics for composite materials［J］. Journal of Textile Institute, 1994, 85(2): 198-214.

［175］ARAUJO M D, FANGUEIRO H, HONG R. Modelling and simulation of the mechanical behaviour of weft-knitted fabrics for technical applications: Part Ⅲ［J］. AUTEX Research Journal, 2004, 4(1): 25-32.

［176］BEKISLI B. Analysis of knitted fabric reinforced flexible composites and applications in thermoforming［D］. Lehigh University, 2010.

［177］POPPER P. The theoretical behavior of a knitted fabric subjected to biaxial stresses［J］. Textile Research Journal, 1966, 2: 148-152.

［178］SHANAHAN W J, POSTLE R. A theoretical analysis of the plain-knitted structuru［J］. Textile Research Journal, 1970, 7: 656-662.

［179］MAHVASH M, HAYWARD V. Haptic rendering of cutting: A fracture mechanics approach［J］. The Electronic Journal of Haptics Research, 2001, 2(3): 1-12.

［180］LAKE G J, YEOH O H. Effect of crack tip sharpness on the strength of vulcanized rubbers［J］. Journal of Polymer Science Part A Polymer Chemistry, 1987, 25(6): 1157-1190.

［181］DORAN C F, MCCORMACK B A O, MACEY A. A simplified model to determine the contribution of strain energy in the failure process of thin biological membranes during cutting strain［J］. International Journal for Strain Measurement, 2004, 40 (4): 173-182.

［182］SIMONE C, OKAMURA A M. Modeling of needle insertion forces for robot［C］. Proceedings of the IEEE International Conference on Robotics and Automation，2002.

［183］蒋玲玲. 剪切增稠液体在柔性防刺材料中的应用研究［D］. 无锡：江南大学，2011.